潜口巽峰塔

修缮工程报告

黄山市徽州区文化旅游体育局　编著
王洪明　主编

科学出版社
北京

内 容 简 介

本书是安徽省第一部古塔修缮工程报告，是省内文物保护工程的首批成果。报告共分六个章节，详细记录了巽峰塔的历史沿革、价值评估、修缮方案设计、修缮工程实施及采用的相关技术，并收录有现状实测图、设计图、竣工图、施工照片、修缮前后对比照片等，以期留存尽可能完整的技术资料，为文物建筑积累一份历史档案，也为其他类似的文物保护工作提供参考。

本书适合建筑历史、文物保护、风景园林、艺术设计等领域的专业技术人员及高等院校相关专业师生参考阅读。

图书在版编目（CIP）数据

潜口巽峰塔修缮工程报告 / 黄山市徽州区文化旅游体育局编著; 王洪明主编. — 北京: 科学出版社, 2021.8

ISBN 978-7-03-069596-3

Ⅰ. ①潜… Ⅱ. ①黄… ②王… Ⅲ. ①古塔－修缮加固－概况－黄山 Ⅳ. ①TU746.3

中国版本图书馆CIP数据核字（2021）第167713号

责任编辑：雷　英 / 责任校对：邹慧卿
责任印制：肖　兴 / 书籍设计：北京美光设计制版有限公司

科学出版社 出版
北京东黄城根北街16号
邮政编码：100717
http://www.sciencep.com

北京九天鸿程印刷有限责任公司 印刷

科学出版社发行　各地新华书店经销

*

2021年8月第　一　版　开本：889×1194　1/16
2021年8月第一次印刷　印张：14 1/2
字数：418 000

定价：258.00 元

（如有印装质量问题，我社负责调换）

本书出版得到
安徽省文物保护专项补助经费
资　助

《潜口巽峰塔修缮工程报告》
编辑委员会

序言

文物工程“修缮报告”的编纂，近些年来益发引以为重，“报告”旨在梳理信息、鉴定法式、考证历来维修、优化保护深度等。《潜口巽峰塔修缮工程报告》（以下简称“报告”）在黄山市徽州区文化旅游体育局的主持下得以完成，是安徽省内文物保护工程中的首批成果。

潜川、潜口亦名阮溪，方志述“潜万山于后”或晋“陶潜旧居”轶说而取“潜”以名。徽府六县当南宋际渐名于世，两淮用兵后政稳、民安，是时桥、塔、祠宇等建构得之营建。域内之塔多涉苏、浙艺技，摹楼阁、筑“空筒”，为其基本“形、势”。

入明以来，建塔益加离走“佛门”，表义“航标、文峰、水口、景观”一类制式。潜口巽峰塔，独矗水渚，补砂护邑，义表典型。凡七级楼阁，高二十丈，重珠结顶状。汪氏《惇本溯原谱·塔界》“广十七步二分、修十八步”云云，按《周礼·考工》“室中度以几，堂上度以筵，宫中度以寻，野度以步，涂度以轨”与之契合。这里的“野”可释为室外空间，故“塔高”可依“步”为计。按此：巽峰塔高＝二十丈（族谱记载）×16厘米/尺（夏），约合今32米，低实测数近一米，今塔少去“刹座”，或为所故。“塔身高”常见于自地面至顶檐或刹座为计，中唐前用底层“檐高”作设计“模数”，中唐后渐依中间层单面阔作设计“模数”。校巽峰塔高，用檐高法计，泥古中唐前制，这一“滞后”的营造现象，似与元朝社会时仍沿用“唐尺”现象有连。

塔类建构常由“地宫、塔身、塔刹”三部分组成，景观塔多无地宫。巽峰塔直出地面，未见地宫；基深米余无“放脚”。宋《营造法式·筑基之制》有“换土基、夯土基”及“复合桩基”等类，本案制否？维修未涉，待考古资料以证。

底层启三门、主北入口；南壁供奉“龛案”，侧配小龛；蹬道西向顺时针“壁内折上”，喻“佛祖西来意”，匠心满满，一气呵成。二至四层兀突空筒结构，意不能贯！五至七层复返壁内折上并穹隆叠涩顶。查，塔壁有被堵梯道痕迹，似“两边折上”未果，原委难能厘断。留下这“一物二构”制式，其纵向刚度不匀称，抗震能力锐减，幸好皖南少震，巽峰塔得传至今，该次维修鉴于此因未作加固处理。

全塔“顺丁砖”甃砌，明风显突。外白灰，内泥浆，填心以筑，法遗唐、宋，价值弥珍。腰檐坡度近18°，折合三分“水法”，近木构飞檐之势。此在歙县长庆寺塔、祁门伟溪塔、广德天寿寺塔等腰檐中有见，是时为常见手法。这与宋《营造法式》中所谓：其副阶或缠腰并二分中举一分（坡度约30°），相去甚远，《营造法式》似专指木构之塔？若此，建筑考古学价值弥足珍贵。

倚柱砖制，方形讹角，柱头用大小额枋与由额垫板一组；品字科斗栱两层，平身科两攒，转角出45°异形栱七踩，具清式先声。二层以上均不用由额、斗栱之类，手法骤简，塔壁直立，层收半个倚柱径，技取浙匠喻皓之《木经》。

塔刹式样，按等级而定。分为“佛塔、菩萨塔、和尚塔”三类。《十二因缘经》“……一、如来露盘八重已上，是佛塔，二、菩萨七盘，三、缘觉六盘，四、罗汉五盘，五、那含四盘，六、斯陀含三盘，七、须陀洹二盘，八、轮王一盘……”又《僧祇律》经，“凡僧亦起塔……总无露盘……若违之，则结罪……”，风水塔制同僧塔（和尚塔），即“唯起覆钵与宝瓶”（葫芦）而已。这类刹制为“刹座、覆钵、刹件”等物，或金属或陶制均可。其刹座随塔身、广略大于钵4～6寸。巽峰塔现“刹座”式样不适，依于现状维修，虽合常法，但对“不适”未能推敲细读。

本次维修中在刹件“宝珠”底层发现“天宫”，出佛造像一尊与铜镜、烛台等物。造像“冠毗卢、着披肩、迭迦如意姿”，摹九华“道场”地藏像制，明代遗存。竣工时原物、原样归安宝珠中，以确保维修后文物不受扰动与丢失。“天宫”常埋入塔顶层，置于塔刹中者，目前仅潜口巽峰塔、安庆振风塔两例，对认识天宫制式又有了新的例证。

在文物工程维修中，识别历史维修遗迹，是事关维修成败的又一关键要素。本案中方志、碑文、族谱资料，均反映出潜口巽峰塔营造至今未曾有过大修，但实物中的梯级“防滑木”（站砌砖）、五层墙体嵌碑式样等，均呈清代技法，足证后期实有过维修，对这类遗物采用“现状维修”保护，是本次维修、设计的又一亮点。

二〇二一年七月于合肥

前言

巽峰塔，位于安徽省黄山市徽州区潜口镇潜口村东南，建于明嘉靖二十三年（1544 年），由潜口汪氏家族的汪道植（1484 ～ 1551 年）独资建造。

黄山市古称徽州，既是徽商故里，又是徽文化的重要发祥地，新安理学、新安画派、新安医学、徽派建筑、徽州雕刻、徽派盆景、徽剧、徽菜等影响深远。

潜口，是位于古徽州版图核心位置的一座千年古镇，古称阮溪，又名潜川，因地处“黄山之出口、万峰潜伏于后”，最终定名为“潜口”，素有“黄山南大门”之誉。因地理位置优越、历史文化悠久，又兼物产丰饶，自古以来经济繁荣、科教兴盛，名胜古迹众多。

巽峰塔，坐落于潜口村的东南方位，七层八面楼阁式砖塔，通高 39.9 米，层层内收，端庄巍峨，外七层内四层的结构罕见。这里是入村的水口，按传统风水学说理论，东南方向主文运，故在此建塔既可藏风聚气，又可提振文风。史料记载，巽峰塔旁曾有一座雨花庵，根据塔铭中文字“潜川山水萦聚，气概伟雄。水口山低，拱卫峰远，爰捐不赀之金，独建浮屠巽位，增其形胜，益荫一方……”，可知该塔修建的初衷。巽峰塔又被称为文峰塔、潜口锥、下詹塔等，民间还有下尖塔、翼峰塔的讹称。

经过近五百年风雨侵蚀和人为破坏，该塔很多部位存在不同程度的残损，如外壁垮塌、塔砖酥碱、灰浆掏空、瓦面不存、塔梯毁失、穹顶裸露、植物生长危害严重等，存在较大安全隐患。

巽峰塔修缮工程的勘察设计工作从 2018 年 5 月开始启动，2019 年 4 月修缮方案通过安徽省文物局批复，针对批复中提出的修改意见，于次月补充完善方案。2019 年 9 月，巽峰塔修缮工程正式启动，徽州区文化旅游体育局为建设单位，安徽徽州文物工程勘察设计有限公司为工程勘察设计单位，安徽省徽州古典园林建设有限公司为施工单位，黄山大木古建筑设计有限公司为监理单位。巽峰塔修缮工程分两期实施，2019 年 9 月 5 日至 2020 年 1 月 16 日完成巽峰塔建筑主体的修缮工程，2020 年 5 月 24 日至 7 月 24 日完成塔外地面铺装及散水、绿化工程。

巽峰塔修缮工程在实施过程中，受到安徽省文物局、黄山市徽州区政府、黄山市文化旅游局的高度重视，各级领导和专家先后多次亲临现场，就维修方案、施工技术和施工工艺等进行检查调研，及时提出指导意见。为全面记录巽峰塔修缮工程实施过程，为今后进一步开展相关管理工作及方便相关资料存档，特编撰本工程报告。报告共分六章，详细记录了巽峰塔的基础调查成果、修缮方案设计、工程实施过程以及工程中采用的相关技术，并收录有现状实测图、设计图、竣工图、施工照片、修缮前后对比照片等资料。

目录

第一章 概况

塔，多与佛教有关，在古代被称为“塔庙”，约于东汉时传入中国。塔原指坟墓，是用来藏舍利的，古代建筑工匠在原有的高层建筑基础上吸收了印度墓塔的宗教内涵，创造出具有中国自己风格的宗教建筑——塔。后来随着不断发展，它的含义逐渐超出埋藏佛骨之外。14 世纪以后，塔逐渐世俗化，并成为中国建筑艺术中的一个重要类型。中国佛塔的形式比较自由，样式也很丰富。根据塔的造型来分，有楼阁式、密檐式、覆钵式、金刚宝座式、花式等；根据建塔的材料来分，有木塔、石塔、砖塔、琉璃塔、夯土塔等。

徽州古塔，源于唐宋，盛于明代。虽历经千百年风雨沧桑，仍挺立于田野，屹立于山头，矗立于河岸。据全国第三次不可移动文物普查统计，黄山市现存古塔共有 20 座，约占全省的四分之一，其中唐代 1 座（仅存部分残件）、宋代 3 座、明代 12 座、清代 4 座，其中徽州区 2 座，黄山区 2 座，歙县 4 座，休宁县 7 座，黟县 2 座，祁门县 3 座。

徽州古塔往往是集多种功能于一身，大体可分为三类：一是佛塔。建塔以置佛座、放佛像、镌佛字以及埋叙重要佛教资料为目的，多随寺庙先后建立，如歙县的长庆寺塔（图 1-1）、祁门县的伟溪塔和休宁富溪的辛峰塔。二是镇妖压邪的风水塔。建塔旨在弥补山川之缺憾，或“镇”住妖魔鬼怪，以冀人杰地灵之目的。如婺源县的凤山龙天塔（图 1-2）、黄山区永丰乡的清山塔、黟县柯村乡的旋溪塔等。徽州明清时期所建的塔多属风水塔。三是振兴文运的文峰塔。建塔旨在文运昌盛，人才荟萃，如祁门县凤凰山上的文峰塔、岩寺的文峰塔，潜口巽峰塔亦属此类。因此从塔的功用看，徽州古塔与原来意义上的佛塔有所不同，它注入封建礼教思想并有教化、美化等作用，其功用往往是集三者于一身。

徽州古塔别具一格，各有特点。

图 1-1 歙县长庆寺塔

图 1-2 婺源龙天塔

图 1-3　歙县新州石塔

图 1-4　岩寺文峰塔

徽州年代最早的塔应是西峰寺塔遗构，位于歙县许村镇塔山村姚家组（后山），建于唐代。现存建筑占地面积仅为0.57平方米，虽然很小，保存也不完整，却是徽州地域可见最早的塔。

极具代表性和影响力的徽州古塔，当数长庆寺塔。该塔始建于北宋宣和二年（1120年），位于歙县城南西干山麓，练江之滨。因塔旁原有长庆寺，故名。又因此山原有十寺，又名“十寺塔”。今十寺皆毁，唯有塔存。塔呈方形楼阁式，实心，七层楼阁式，砖木石混合结构，塔身砖砌，高23.1米。石须弥底座，一层有回廊，石檐柱间宽4.36米，四面辟券门，内置石雕莲瓣佛座。第二层以上墙面中均凹进券窗绘佛像，周边墙面亦彩绘佛像图案。每层檐口用砖木叠涩挑出，上为木构腰檐，覆筒板瓦。葫芦刹顶由四铁链牢系塔角，飞檐翼角下悬铁制风铎。四隅砌出半隐半露的方形倚柱，墙面绘佛像彩色图案。每层檐口用砖叠涩挑出，间以五层斜角牙子。自明以来，文人雅士游歙，常以此为仗宴之地。塔经历代多次修缮，至今仍保持宋代特征，现为全国重点文物保护单位。

小巧精致的新州石塔，位于歙县西北郊新州（图1-3）。北宋宣和三年（1121年），改歙州为徽州，曾一度迁州治于此，故称“新州”。塔建于南宋建炎三年，用赭色麻石砌成。重楼式，石结构，塔高4.6米，五层八面，棱形挑檐，层高不同。二层有香火炉龛；三层左右两侧镌斗大“佛”字。正面刻有南宋建炎建塔和明嘉靖年间重修的铭记；四层八面均为如来神位字样；五层发券内为佛像浮雕。这是一座乡民为了祈求子嗣而自愿捐资建造的佛塔，整座石塔没有任何花纹图案装饰，显得简洁、庄重、古朴，是安徽省内古塔的佼佼者，1956年就列为安徽省文物保护单位。

最高的是岩寺文峰塔（图1-4）。此塔位于岩寺镇北郊，西临丰乐河。原名水口塔，俗称岩寺塔。始建于明嘉靖年间，参照当时绍兴

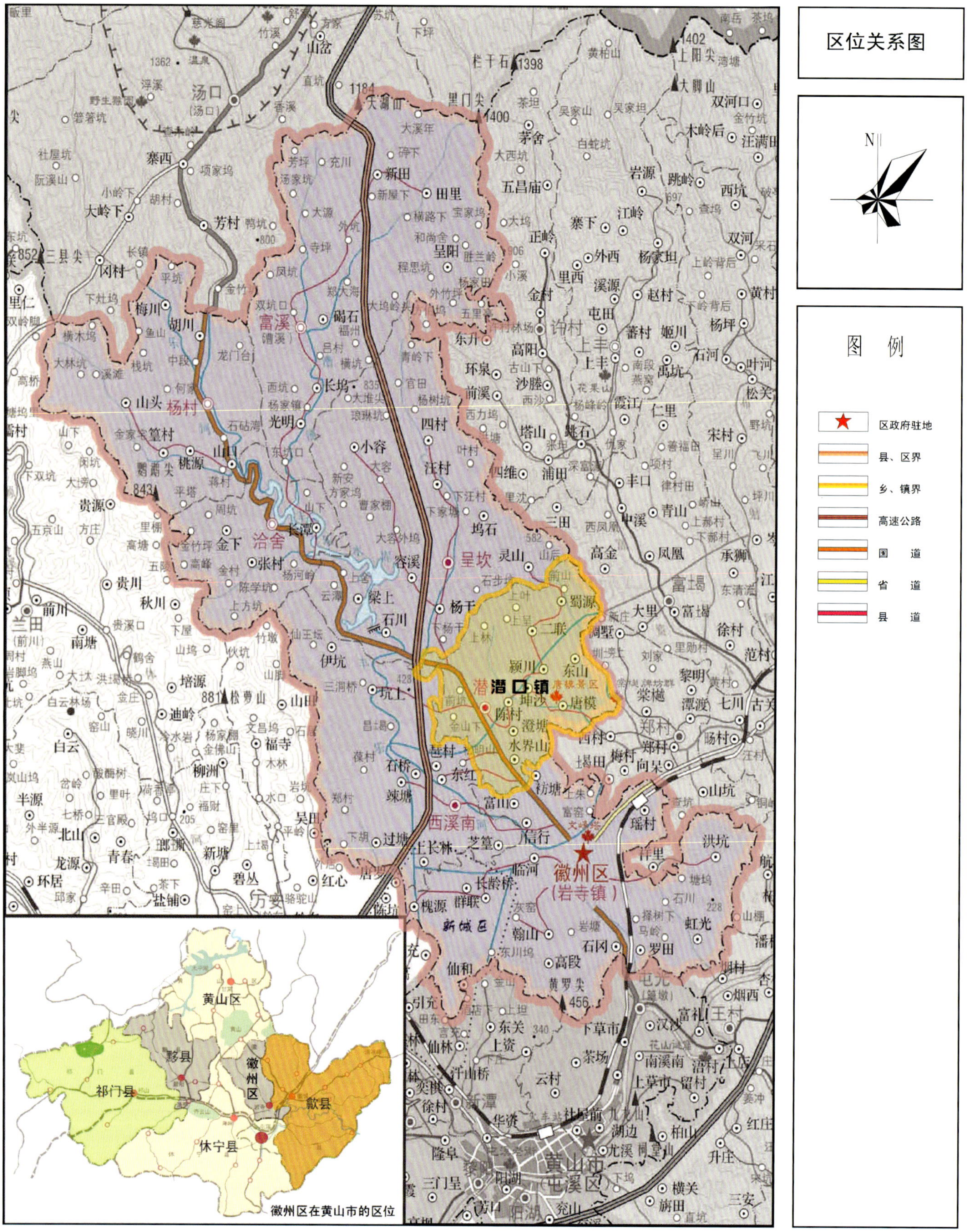
区位关系图
N
图　例
区政府驻地
县、区界
乡、镇界
高速公路
国　道
省　道
县　道
潜口镇
徽州区
(岩寺镇)
杨村
富溪
(礌溪)
洽舍
呈坎
西溪南
汤口
黄山市
屯溪区
唐模景区
新城区
黄山区
黟县
祁门县
徽州区
歙县
休宁县
徽州区在黄山市的区位

图 1-5　潜口村区位图

大禅寺塔、南京报恩寺塔、泗州塔样式，历时十载建成。塔七层八面，现高 54 米，是徽州塔高之最，底径 8 米，逐层略内收。底层塔檐外伸 1.5 米，向上逐层加长，至第七层伸出 3 米，使上层檐水直滴至地，避免各层塔檐被积水剥蚀，既保坚固，又利观瞻，成为徽州古塔之经典之作。该塔现为全国重点文物保护单位。

一座座徽州古塔，向人们展示了徽州前世社会的繁荣发达，先民的勤劳智慧，见证着徽州社会的发展变迁，一个个家族的繁衍生息。每一座古塔都是徽州社会的史书，让后人去研读。

第一节 潜口村概况

潜口村，位于黄山市徽州区东南（图 1-5），地势西北高，东南略低。2012 年被列为第一批中国传统村落，旧属歙县西乡，向来经济繁庶、科教兴盛、人文荟萃，为一方之奥区，素有“黄山南大门”之誉。其北倚黄山，南邻岩寺，东连歙县，西接休宁，岩寺至汤口、歙县至休宁的古官道在这里形成一个十字中心，交通位置十分优越。现皖赣铁路、205 国道、慈张公路，合铜黄与徽杭高速公路在此交汇。属亚热带季风气候，年均气温 16℃，年降水量 1700 毫米。四季分明，日照充足，雨量充沛，温暖湿润。

潜口古称阮溪，又名潜川，因地处“黄山之出口，万峰潜伏于后”而得名，历代口笔相传，陶渊明曾隐居在阮溪，所以溪名改为潜溪，村名称潜口。潜口原有古迹“渊明旧里坊”，有地名叫“陶坞”，虽说陶渊明是否曾在此隐居已无法证实，但悠久的传说已形成深厚的文化，大家也更愿意用其来命名（图 1-6）。

图 1-6 清康熙《歙县志》《水香园图》版画中的渊明旧里坊

潜口开发较早，明代以前，潜口就设有用于管理贸易及税收的机构“务”。明清时期，潜口以其优越的地理条件，发展成为一个交通枢纽和贸易中心，黄山出产的木、竹、茶叶、生漆、药材等产品多经潜口运出，往东经过歙县渔梁码头由水路运销杭州、苏州等地，而粮、油、布、盐以及南北杂货等也经潜口运入黄山地区销售。民国时期，潜口先后有元大、和隆、裕泰、义和、同福、同丰、徐怡大等布店，有顺记商行百货店，有和兴、姜复茂、同兴、和泰杂货店，有上、下当铺，有颐和堂、三益堂中药店，另有济记酒坊、曹素功墨店炼烟厂，以及豆腐坊、酱坊、染坊、饭店、旅店、银楼等。

潜口村旧有“十景”，分别为云岭樵歌、石池烹茗、珠垹听琴、烈庙晨钟、庙山远眺、洞天暮鼓、竺岭赏桃、梅岭牧笛、荷塘月色、巽峰夕照。这是历代对潜口文化与自然环境的高度概括，并有诗句相呼应。

云岭樵歌

云岭翠如烟，樵歌从云天。
斫薪青嶂里，惊起老神仙。

珠垹听琴

一水出深山，高低起落差。
珍珠串水面，乐声静中参。

石池煮茗

石池出琼浆，丽山灵芽香。
松枝生炉火，烹茗战金汤。

烈庙晨钟

青烟映朝曦，二公理军机。
钟声彻宇宙，激荡百工熙。

庙山远眺

举目到云边，放眼观百川。
万物归眼底，疑身化神仙。

竺岭赏桃

十里桃花溪，妖娆俏春熙。
飞花随流水，寻故不可期。

荷塘月色

芙蓉出水中，香乱舞衣风。
月斜空碧合，上下婵娟拥。

洞天暮鼓

古岩有洞天，香雾任风牵。
落日腾暮鼓，山色娱云烟。

梅岭牧笛

梅岭竹青青，铁干马蹄轻。
炊烟归牧笛，云里洒清声。

巽峰夕照

日沉络狮山，夕阳洒落霞。
塔影贯山过，田干闻鼓蛙。

其中“云岭”位于村北，岫壑冲深，竹树交阴，为南入黄山的必经要道（图 1-7）。唐大历八年（773 年），志满禅师露宿岭半，山虫绕卫，枯坐数月不知饥渴，人以“佛”名之，岭亦因之改名为“佛子岭”，至今仍名。岭巅旧有云岭禅院，又名佛岭寺，为志满禅师所建，是进出黄山的香客、游人的重要活动场所。岭上还建有云亭，设汤施茗，方便游方僧侣及路人。

图 1-7 清康熙《云岭志》插图

图 1-8 清康熙《歙县志》《水香园图》版画中的紫霞山

“石池”位于村北的潜坑村俪山脚下，为潜口村两大佳泉之一（另一泉为庙山泉），“千汲不缩，不及不盈”，池上方的岩石上有“石池”二字题额，系明代书法家董其昌所书。池西即为有着“五百里黄山第一峰”之誉的紫霞山。紫霞山是徽州名山之一，相传古时轩辕帝与曹、阮二真人在此炼丹时，天空紫云密布，故名“紫霞山”（图 1-8）。山上旧有大士岩、法镜台等自然景观，山下有水香园、四顾山房、绿参亭、栗亭等名胜。山产紫霞茶，为明代徽州名茶之冠，“紫霞山顶产茶，绝胜松萝”（康熙《歙县志》）。佳泉烹名茶，明代诗人袁启旭品尝后大为赞叹，作诗称赞紫霞茶“天香未许世人夸”。清代康熙年间著名画僧雪庄曾作《黄山三十六峰图》，首图即为《紫霞山》，其好友、著名诗人汪士鋐将其辑录于《黄山志续集》。紫霞山为“黄山第一峰”当源于此。20 世纪 80 年代，国家文物部门之所以决定将徽州民居博物馆定址于此，潜口村悠久的历史文化、优越的地理位置、众多的名胜古迹等因素是重要依据。

“烈庙”即村北的双忠庙（现潜口中学校址），内祀唐代“安史之乱”中死守睢阳、屏蔽江淮而殉难的张巡、许远二忠烈，元代婺源人程文撰有《歙潜口张、许二将军庙碑》。潜口村汪氏惇本祠就在双忠庙对面，祠堂规模宏大，祠前建有牌坊三座，正中为四柱“越国宗祠”坊，左为“崇德”坊，右为“报功”坊，现均无存。

“庙山”即为双忠庙、惇本祠北面的高山，登山顶可远眺黄山天都、莲花诸峰，近瞰潜口全村。

“洞天”指的是村西观音庙山（今潜口民宅清园址）上的观音岩洞，内供观音大士，有“紫霞洞天”四字匾额。潜口观音会是徽州著名庙会之一，规模宏大，香火旺盛，香客云集，歙县南乡、绩溪等地都要派迎神队伍来潜口“接观音”（即迎请观音画像），旗幡、锣鼓、爆竹、硝铳伴秋千抬阁，场面热闹非凡。庙会期间除延请僧侣做法事外，还要请名戏班日夜演戏，盛况空前。清人方西畴《新安竹枝词》记其事：“观音大士著慈悲，诞日烧香远不辞。逐队岑山潜口去，相随女伴比丘尼。”潜口旧有“十里桃花”之美景，远近闻名。清代里人汪济淳《潜口紫霞山十里桃花记》载：“乡人多植桃花……远近人士游，尝施屏设帐，几无隙地。”

“梅岭”即梅树岭，位于村西，旧时广植梅花，故名。

"巽峰"是指村南水口的巽峰塔。潜口村还有保存完好的明清老街，长五里许，街面老石板铺就，两侧明清民居、官宅、店铺鳞次栉比，古韵悠悠。

近有汪世清的《忆江南・故园偶忆》十二阙对潜口风景名胜和历史遗迹的赞誉。汪世清（1916～2003年），潜口人，系中央教育科学研究所资深研究员、物理教育和物理学史研究专家，资深徽州学家。数十年来，汪先生沉潜书海，孜孜不倦地搜集、整理、考辨徽州文化的各类图书文献资料，特别是潜心于明清画史、新安画派及家乡历史的研究。于1992年所作词篇，对于了解潜口古村的历史掌故、风物人情大有帮助，录之以飨观者。

《忆江南・故园偶忆》十二阙

潜溪好，
名共昔贤传。
坊榜渊明称旧里，
村因宋季著新安。
最忆是家山。

注解：相传潜口因陶潜归隐而得名。《歙县志》曾载："渊明旧里坊在潜口，元末毁于兵火。旧传陶靖节曾居此，久乃去，故以名其村"。

南宋以降，潜口村人汪若容、汪若思兄弟成进士，村名益著。

名园好，
梅放水流香。
别馆寒花疑雪海，
野塘残壁怅斜阳。
谁与话沧桑？

注解：紫霞山麓有水香园，为汪沅别业，极一时之盛。园有方池，园植梅以百计，花时寒艳异常。道光后毁于兵火。今明园立其旧址。

前山好，
十里碧桃妍。
曾是花开红似火，
花开草长绿如烟。
何处问渔船？

注解：潜口村西自紫霞至真武坝，丘陵起伏，绵亘数里，统称前山。冈上地势较高，下则田畴棋布，阡陌纵横。其间有上竹岭、中竹岭、下竹岭三孔道。此一带旧时遍植桃树，顺治中汪济淳有《紫霞山十里桃花记》，极写其盛。

云林好，
五里一长亭。
自昔羊肠攀峻岭，
而今马路畅游程。
客过万峰青。

注解：潜口北五里有云林山，又名云岭，俗称佛子岭，旧为入黄山之孔道。村人由此赴呈坎、许村，均须越岭而过。岭头有亭，供行人憩息。1932年辟为黄屯公路。

幽亭好，
人喜绿参名。
月洞屏开幽绝处，
草堂时起读书声。
四顾韵尤清。

注解：鲍倚云有《绿参亭诗》五律十二首，序首云：“绿参亭去水香园里许，于半豹堂为西邻，皆更庵汪先生娱老之地，而令子研村先生吟诗结容处也。基山为合，台横短垣为屏，开月洞其中，下瞰广池，池上为驯鸥草堂。循东廊绕砌登台。亭址稍偏左，面月洞，俯视草堂邃甚。”亭今早圮，废址亦不可得。

歌行好，
最爱栗亭诗。
六卷吟心云海酒，
一生曲思雪花知。
有梦到梅枝。

注解：汪士鋐，字扶晨，号栗亭，工诗，有《栗亭诗集》六卷传世。性爱梅花，家有梅旅山房，集中更多咏梅之作。平生曾九游黄山，吟咏独多。

宗祠好，
费尽上林心。
院落层深堂庑壮，
华亭联语颖阳文。
能不叹而今？

注解：潜口汪氏金紫祠，为明万历丙申（1596年）汪上林独资修建，宏大壮丽，闻名遐迩。有祠记碑文为当朝次辅、歙县人许国所撰。正殿柱联为董其昌所书。该祠于2012年重新修复。

新坊好，
夕照马头山。
一代名传千古事，
万松岭接阮溪湾。
故老尚能谈。

注解：潜口旧有石牌坊十余座，大都为明代所立，唯村东马头山畔有石牌坊，为清乾隆间汪云谷应庚所立，俗称“新牌楼”。汪应庚经营盐业于扬州，家业丰，以义行名。曾于扬州蜀冈建万松岭，因号“万松居士”。今此坊尚立于村中。

东斋好，
修竹傍幽居。
花影月移栏上淡，
柳丝风扬叶梢徐。
何日赋归欤？

注解：潜口汪氏自五世祖迁入新宅，名“修竹居”。东有小园可十亩，南半为竹林，北隔花墙有方池，柏桂梅柳在其前，颇具花木扶疏之胜。池上有一激轩，凭栏可仰观云影、俯视游鱼。北侧有堂五楹，为先祖教读之所。轩悬竹制楹联，有“月移花影上栏杆”之句。

浮图好，
七级耸晴空。
坝树成尘余野水，
檐铃依旧笑春风。
千古竹溪翁。

注解：潜口村南有七级巽峰塔一座，西邻真武坝，坝上乔木参天，绿荫蔽天，与塔影相映，亦为游憩之胜地。今此塔岿然独立于阡陌之间，为明代村人汪竹溪所建。

陶庵好，
老衲绘出轩。
五柳婆娑同栗里，
千峰隐约见云门。
阶绿上苔痕。

注解：潜口汪尧德，字子陶，号陶庵，与董其昌、陈继儒为忘年交，明末出任始兴学博，顺治中返里即不复出。庚子年僧弘仁为作《陶庵图》，罗逸题诗其上，今藏故宫博物院。此图是弘仁与罗逸游黄山经过潜口时所绘汪尧德隐居之所。其屋舍傍山而筑，临溪而建，一片离尘幽美之景。其洗练简逸的笔墨与汪氏简朴的居所相得益彰，映衬出汪氏志在清高自守、乐在林泉云游的脱俗之气。

款署："浙江学者为子翁居士作陶庵图。"钤"弘仁"朱文印、"浙江僧"白文印。鉴藏印有"礼耕堂"等二方。画右中部有篆书"庚子"二字。"庚子"是清顺治十七年（1660 年），作者时年 51 岁。

画幅上方有罗逸题七律一首，款署："八十五老友罗逸为子陶先生题。"钤"罗逸之印"朱文印、"远游"白文印。罗逸的题诗揭示了画的命意，诗中"柳仅五株非着意"，点出画中五柳暗将陶庵居士比作自号五柳居士的陶渊明，此图意在赞颂汪尧德高隐之心。

家山好，
第一紫霞峰，
树影岚光沉涧碧，
晚云残照映峦红。
绚烂四时同。

注解：紫霞山，相传为黄山第一峰，志称叠嶂四周，石林霞驳，春秋佳日，山容多彩，景色宜人。

第二节
潜口汪氏简介

潜口村，为北方士族南迁徽州的重要聚居地，是古徽州大族汪氏聚居的主要村落。

汪氏出于姬姓，周公旦十三世孙，出生时，左手有"水"，右手有"王"字纹，双手合成为"汪"字，于是以汪为名。后来因功受封颍川，号汪侯，从此子孙便以汪为姓。隋朝末年，44 世汪华拥兵十万，据守六州，建立吴国，称吴王，归顺唐，封越国公，为汪氏显祖。

在汪氏迁入之前，村中有程、詹两姓居住，宋代，汪、胡、方、程四姓相继迁入，后陆续有众多姓氏不断迁入，村镇范围扩大，有上市、下市、中市、后市之分。潜口自宋汪氏迁入，文风昌盛，仕途显赫，富商巨贾，名人辈出。汪姓作为潜口大姓，在村中一直居于统治地位。

潜口汪氏，分为两族，宋元祐间（1086 ～ 1094 年），汪氏六十六世祖汪叔敖自唐模上汪迁入潜川下市，为"潜川金紫和睦里"派始祖；宋淳熙五年（1178 年），汪氏六十八世祖汪时俊

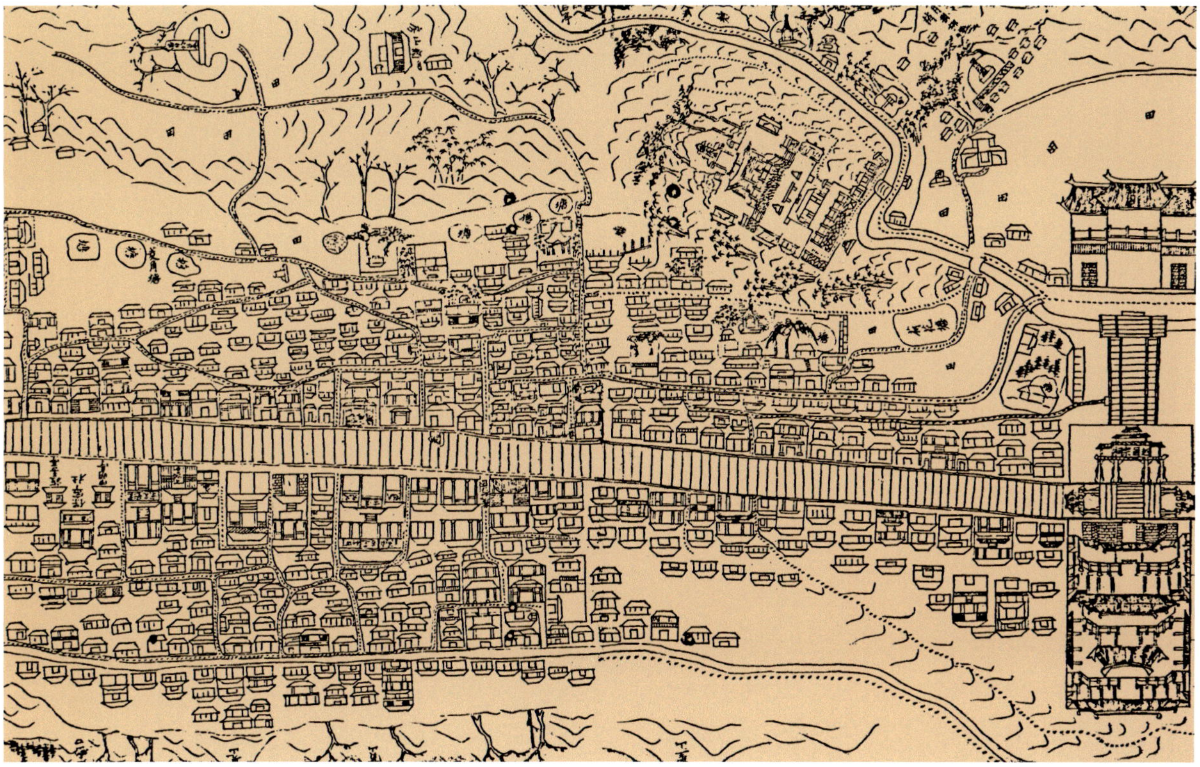

图 1-9 清汪道让绘潜口图

也从唐模上汪迁入潜川中市，为“潜川上市和睦里”派始祖。下市汪氏于明万历二十三年（1595年）在南面村口建成金紫祠，族亦因名“金紫”；上市汪氏于明嘉靖二年（1523年）在北面村尾扩建惇本祠，族名“惇本”（图 1-9）。

金紫汪氏，汪叔敖生有四子，长子汪若容，字正夫，号竹堂，荣登进士，授永兴县主簿，升洪州府太守，奉诏京师授监丞、枢密院学士、朝奉郎。次子汪若泉，官任右司谏。三子汪若虚，字实夫，号槐堂，官任宣议郎。四子汪若思，字行夫，号野堂，进士及第，由国子监主簿入馆，授萃文阁学士，任秘书省丞，官至朝散郎兼知制诰。汪若容儿子汪洪也是进士及第，更使潜口汪氏兴旺发达。

惇本汪氏，同样兴旺发达，七十五世汪曹，官任漕运使，敕封“忠爱门”，汪善进士及第荣归故里，永乐皇帝特赐一块劝勉圣旨匾，现仍高悬在司谏第大堂。七十八世汪道植，富而好儒，独资修建村口巽峰塔；八十七世汪应庚，与孙子汪立德连任两淮盐业总商。清雍正间雄资百万的盐商汪应庚，不仅以家财烜赫一时，同时更因“义行”闻名扬州及乡里。他出资修平山堂、栖灵寺、五烈祠等。雍正九年起，淮南海啸成灾，连续多年扬州遭遇水旱灾情，灾民仳离，他慷慨解囊，出银五万，运米数万石救灾，设药局治病除疫，共救治九万余人。他还在歙城修“徽州学宫”。商而好儒，是《平山揽胜志》的编辑者。现在潜口村麻榨下“恩褒四世”坊就是为褒扬他的义举而建的牌坊。其将汪氏家族发展推向一个高峰。

“新安有汪，楚有屈、昭、景也。族大齿繁，望于闾右，则潜川最著。”这也正好说明了作为徽州大族的汪姓，潜口汪氏是较为强大的一支，无论是科举入仕，还是经商致富，他们不但使汪氏本族得到极大发展，对村落的建设也功不可没，为家乡建设了大批的祠堂、宅第。汪氏本族在潜口建设的有惇本祠、金紫祠、敦睦祠、六顺堂、曹门厅、季周祠、乐善堂、司谏第、巽峰塔、金紫祠坊、恩褒四世坊等。

第三节
汪道植肇建巽峰塔

巽峰塔为汪道植独资所建，遂将其生平简介如下。汪道植，号竹溪，为潜川敦本一族七十八世。光绪《潜川汪氏宗谱》对汪道植的记述如下（图 1-10）：

道植公字德滋，玄福公之四子，生明成化弍十年（1484 年）甲辰十二月初弍日子时，殁明嘉靖三十年（1551 年）辛亥七月弍十三日申时，寿六十八。

公平居自奉菲薄，勇也为义，独建水口浮屠，为一方胜槩，独造小溪陈村沙溪石梁。他如赈饥施棺，乐然不惜。万历戊寅，以仲子文曜贵，封征仕郎、光禄署丞。

娶琵塘胡氏，封孺人。生明成化弍十一年（1485 年）乙巳四月拾一日午时，殁明嘉靖叁十六年（1557 年）丁巳九月廿弍日辰时，寿七十三。

又娶武林杨氏，生明弘治拾二年（1499 年）己未拾月十七日卯时，殁明隆庆元年（1567 年）丁卯拾月弍十九日寅，寿六十九。

又娶泰州王氏，生明弘治拾二年（1499 年）拾一月弍十四日未时，殁明万历拾年（1582 年）壬午拾弍月三十日亥时，寿八十四。

子三：文昭，杨出；文曜、文明，王出。

以隆庆辛未，公与胡孺人合葬歙东新馆铺牛市岭亥山巳向。万历乙酉，杨氏、王氏两孺人祔葬公墓右。

右副都御史宗人尚宁撰《水口文峰序》：古之民乐，今之民苦，政同而行殊也。古者，民有常业，用有常缗，一年耕，余一年之食。卒遇岁耗，为发仓廪，为劝相济，又或兴工作以萃失业。上之于下，相逮一体，故尔无大饥。今之政即先王之政也，而行政者之心或未悉如。古之政，不仁驱民，于辜俗之不美。富者多潜王侯，贫者无终日之计。卒遇岁耗，贫而无告者，枕籍于道。有司则恬然不知，知之付于无可奈何。设发仓，吏书之索，稽候之久，所得不偿所费。盗起时危，人牧者何赖焉？何今之民所罹苦也！生政俱存，而存政者之心异也。嘉靖甲辰、乙巳，连岁大侵。吾郡潜川竹溪汪公，捐资兴工，为浮图于里东南潴水处，高二十丈，级七层，费金数千有奇。经始于甲辰之冬，落成于戊申之春。司马寒泉潘公额曰“文峰”。是役也，其用物弘，其成功巨，其属意微，其宅心仁。岁值大饥，公念役兴非有必不得已，寓极荒于兴役之中。老弱者有哺，壮而鴐鹜者可易其不逞之心。事克举，而民命攸全，所活者何啻万命，以佐官府之所不能及。公之属意不已微，而宅心何其仁者也。于是乎安得为人上者之心，皆与公同是恻隐之心，则必皆能坊民之患于未然，恤民之灾于已至。听断必敏，恐淹民之业也；奉上必约，恐伤民之财也；用刑必省，恐状民之肤也；律不必严言，恐屯民之膏也。取民必有制也，正民必有经也。奉王制以周旋，如保伤之赤子。奚至秦越人之不恤相痛痒之不相关哉？昔于公自计多活人，后当高门。公为此峻功，特感于恻隐之人果报之意，原不入其心。世之计报者，捐少而望多。公捐数千金以祈果报，非人情也？然公虽不果报入其心，而所为克当天心，仁人之报，可必于其远久。公仲子文曜为余言留都光禄时。今十年，乃克应之。甚矣，余之慵也。于此而慵于言，则安所用言哉？乃忘不吝以复。公讳道植，字德滋，号竹溪。孟子文昭，季子文明，皆若仲子，然纯雅德度如公。仁者之报，始于是观之。仲子别号文峰，志扬先烈之意。《诗》曰："维序思不忘。"仲子以之。

翰林院侍读学士许国撰《明赠征仕郎光禄寺署丞竹溪汪公暨配孺人胡氏墓表》：今上六年，大婚，加上圣母两宫尊号，在廷诸臣毕以次被恩。于是光禄寺良酝署丞臣文曜，得赠其父道植征仕郎如子官，母胡氏赠孺人，而生母王氏亦赠孺人。若曰：笃行之士，禔身种德，以食报于天，而嫡惠逮下，用昌厥后。朕寅感之，其赠封，封如令甲。于是竹溪公、胡孺人以隆庆辛未合葬歙东新馆铺牛市岭矣。文曜始砻竖碑，属史国表其墓。按，游中丞震得志，赠征仕郎，名道植，字德滋。其先世唐越国公华，后二十五世曰时俊，而迁潜川。又七世曰曹，为公高祖。曹生重祖，重祖生顺童，顺童生玄福。玄福，公父也。母胡孺人于成化甲辰十弍月二日生公。公生而颖悟，有杰士之概。尝走齐鲁，浮维扬，镜河淮，抵云中，以盐盐起家。南北万里，出入寇攘驵侩间。适有天幸，不蹈不虞，计无遗筭，任无失之，盖其慎也。公奉身也若窭，遇物也若怯，其趋义也若赴。尝再捐赀，以佐官赈。虽得赐级，非其愿也。粥金帛殖津梁垣祠，汲汲若不及。所居里闬，阜四塞而东南隅缺。堪舆家谓宜垒浮图，倍之于法吉。会岁侵，公慨然曰："古人不云救荒莫如兴复，尚待何？"公捐己资，独任其事，用去数千而境内无殍者。制所称"笃行种德"，非耶？公于嘉靖辛亥七月二十三日申时卒，年六十有八。又按，程令君模志，胡孺人名思，父田师公，于成化二十三年乙巳四月十一日午时生孺人，而孺人姑从女也，而能妇。虽姑有伯姒四，孺人婉婉率介妇礼，毋敢难予。竹溪公室有如孺人者二人：王氏，杨氏。孺人娣视之。杨出子孟子文昭，王生仲子文曜、季子文明，间举三女，孺人子抚之。诸子女咸谓孺人母也，不复知有其母。盖竹溪没，而孺人处分三子惟均，退无后言。外家或睥睨孺人，孺人觉之，曰："此皆汪氏物也。尔安得有所与！"盖晚而含饴弄孙以为娱。比卒，遗命虚弍圹待杨氏、王氏。而所称"惠下昌后"，非耶？嘉靖丁巳九月二十弍日卒，年七十有三。丈夫家歙，祖越国，而素封潜川。暑着余道，其里盖殷殷盛哉！其东南矗然称"文峰"者，则公所垒是已。公以怕数千金为众兴役，以阴济里中之饥，而不名其功。其高义，足可以嘉者。女德之于妬娼，盖天性也。而孺人娣视二姬，抚诸子，即《樛木》《螽斯》何以加焉。方其为义时，讵知弍十后衿佩封树加署所哉？署丞兄弟三人，皆太学生。而兄文昭同之疾也，曾封股祈焉。弟文明待次制制，食报非耶？子妇三，孟处士玄生女，仲方少，参纪达女，继鲍体干女，并及赠封。

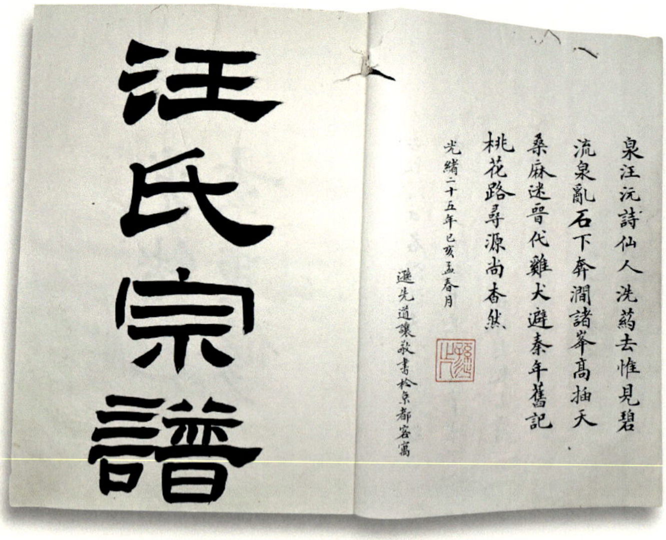
汪氏宗譜
泉汪沆詩仙人洗葯去惟見碧
流泉亂石下奔澗諸峯高插天
桑麻迷晉代雞犬避秦年舊記
桃花路尋源尚杳然
光緒二十五年己亥孟春月

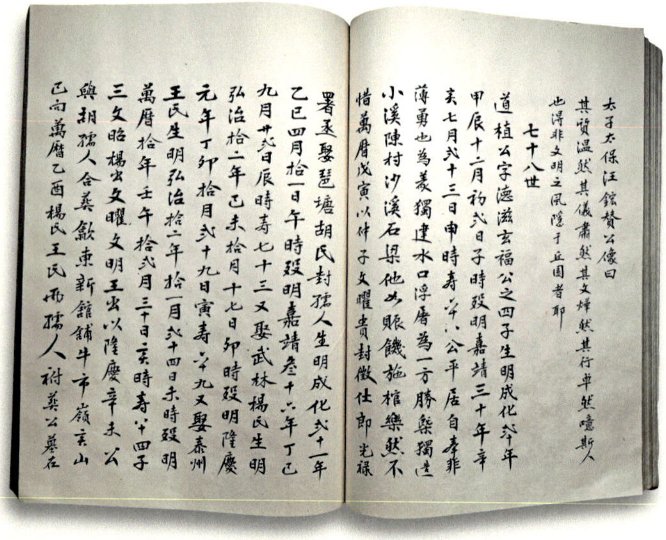

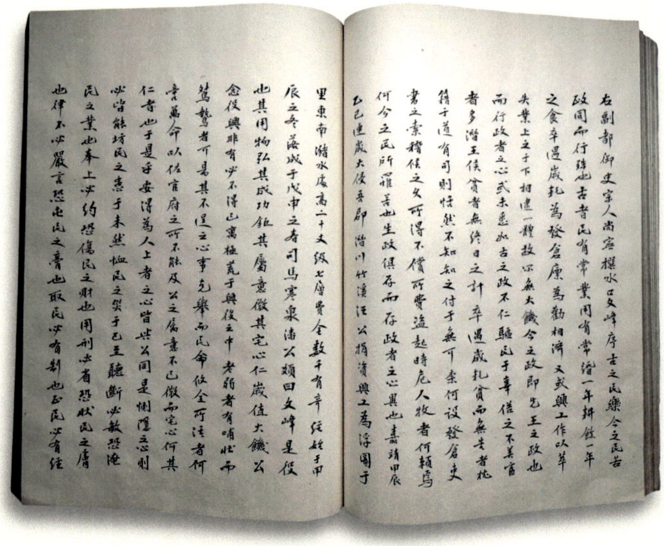

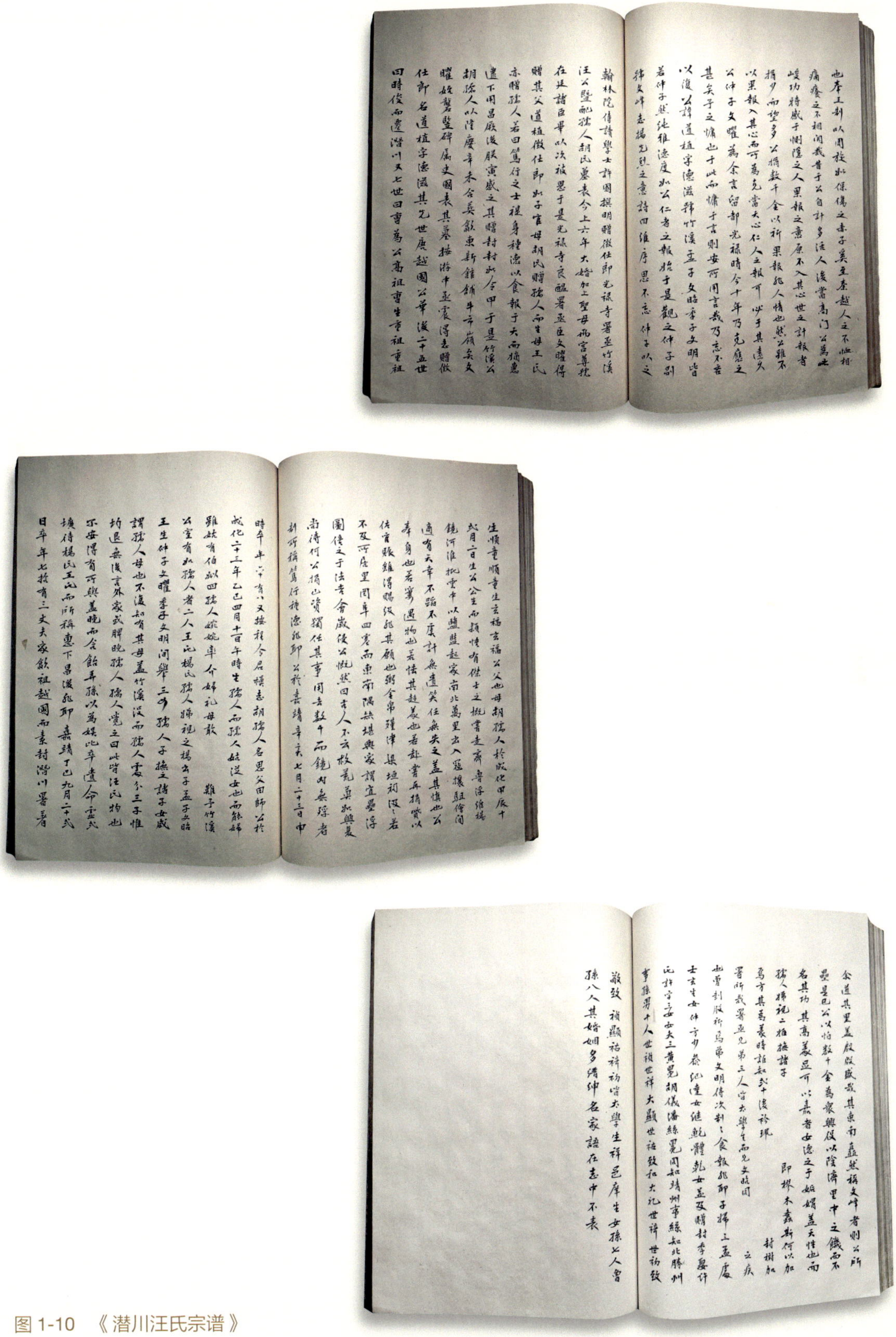

图 1-10 《潜川汪氏宗谱》

季娶许氏。许字三女，女夫三：黄冕、胡仪、潘丝。冕同知靖州事，丝知北胜州事。孙男十人：世祯、世祥、大显，世佑、致和、大礼、世禧、世初致敬、致祯，祯、显，佑、禧、初，皆太学生；祥，邑庠生。女孙七人，曾孙八人，其婚姻多缙绅名家，语在志中不表[①]。

第四节
周边文物遗迹

潜口，历史文化悠久，文物建筑遗存丰富，周围尚有塔、祠堂、牌坊、民居等多处明代建筑。

周边有唐模、西溪南、呈坎、蜀源、灵山等中国传统村落与之相连。文物建筑星罗棋布，文物保护单位分布其中。其中全国重点文物保护单位 3 处：潜口民宅、唐模檀干园、蜀源牌坊群；安徽省文物保护单位 4 处：潜口金紫祠、巽峰塔、许承尧故居、思恕堂；黄山市文物保护单位 6 处：唐模许氏宗祠、蜀源孝徽祠、冠冕诸姬坊、恩褒四世坊、新福桥、三眼井。同时还有全国第三次不可移动文物普查的文物点 156 处。

潜口村内历史上原有大小祠堂 34 个。汪大道先生所撰《徽州文化古村潜口》书中有名有姓的各家祠堂 29 处，包括胡、杨、万、张、马、徐、方等各姓的厅堂，还有一处专为未出嫁女儿而建的姑娘祠。现在上街、中街一直到牌楼下至金紫祠，这条横贯南北的长街被称为“祠堂街”。现将周边与巽峰塔同时代或有关联的重要文物建筑作简要介绍。

1. 潜口民宅

潜口民宅，是一座古建筑专题博物馆，第三批全国重点文物保护单位，国家 5A 级旅游景区。潜口民宅搬迁修缮工程是我国不可移动文物保护史上一次重要的成功的科学探索，在当时和随后相当长的时间内，对于因多种原因无法就地维修保护的、零星分布的古建筑的抢救性保护与集中利用，具有“柳暗花明”般的重要意义，可以说是探索了一条保护利用此类古建筑的新路（图 1-11）。

潜口民宅搬迁修缮工程分为明园和清园两项工程，分别于 1990 年和 2007 年建成对外开放，形成了一座集中展示明代和清代徽派古建筑的专题博物馆。荟萃了明清时期徽州多种功能的古建筑共 24 幢，使濒于倒塌的徽派建筑，重获新生，具有重要的历史、科学和艺术价值，堪称人文和自然景观高度协调统一的典范，被誉为“我国明清民间建筑艺术的活专著”，成为考察和研究我国古建筑史难得的基地。其保护利用价值已得到相当程度的彰显。在 1988 年被国务院列入全国重点文物保护单位的基础上，又先后被纳入国家 5A 级旅游景区、省级重点非物质文化遗产传习基地、国家三级博物馆，已具备多重功能，发挥着越来越重要的作用（图 1-12）。

① （清）光绪乙亥重修《潜川汪氏族谱》，现存于安徽中国徽州文化博物馆。

图 1-11　潜口民宅清园全景图

图 1-12　潜口民宅明园

2. 潜口汪氏金紫祠

潜口汪氏金紫祠，与巽峰塔在同一中轴线上，遥相对应。现为安徽省文物保护单位，3A 级旅游景区。因始祖汪叔敖被朝廷赠封为金紫光禄大夫而得名。祠堂规模基本保留了万历扩建后的风貌。从牌坊直至汪公殿，进深达 197 米，通面阔 25 ～ 31 米。占地面积 7000 余平方米。可以说是目前已发现的徽州境内规模最大的祠堂建筑（图 1-13）。

全盛时期的祠堂由南而北，沿中轴线对称布局，依次为：牌坊、三源桥、棂门、戟门、碑亭、仪阖、露台、驰道、回廊、享堂、寝殿。寝殿后有坐西向东之汪华公庙。

门前广场有牌坊和池桥。金紫祠牌坊，四柱三间三楼，茶源石筑，顶楼匾书“宋敕建”，“宋隆兴二年（1164 年）汪叔敖子汪若思奏请”立祠（图 1-14）。立坊时间为“万历二十一年（1593 年）”，立坊者“汪文显”。

牌坊北是“三源桥”。桥及池四面都有石栏杆。桥名来由，根据明代汪道昆《汪氏十六族谱》析其“十六族”，其中丛睦汪、信行汪系潜川叔敖一支分迁出去的。取名“三源”以示三族以潜川叔敖汪为宗。

广场而北三道门，依次为：棂门、戟门和仪阖（正门）。

棂门为石质金刚腿夹峙石柱，隔间为木栅棂门。修缮后的棂星门按照明代规制，设置了六柱五间五楼牌坊式，石柱上承木柱，施梁栿，檐口三层铺首，居中悬挂“金紫祠”匾额。

图 1-13　金紫祠全景图

图 1-14 金紫祠

戟门为三开间大殿。歇山屋顶，前檐施三跳铺作，斗栱出双翼，浮雕“鲤鱼吐水”图案。戟门两侧为八字墙，清水砖作，瓦檐下饰六块砖雕雀替，镂刻麒麟、鹿、梅等瑞兽祥草，雕工精细。大门上悬“汪氏家庙”匾，前檐上原悬挂恩荣匾三块，中为“光禄寺少卿”，左不可考，右为“按察使司副使”。门前原有青石圆雕狮子一对，后被歙县碑园收藏。“戟门中启，阀阅崔嵬，翚革飞动，洋洋乎世族之风”，气势显赫。

戟门往北，中为甬道，两边紫砂岩墁地天井池，居中各置一碑亭。碑亭内青石雕琢的赑屃上矗立一 2.6 米高石碑，碑额刻仙鹤祥云图，额篆“潜川汪氏金紫祠记”。碑文小楷字。东碑为明万历太子太师礼部尚书邑人许国撰文，时间为万历丙申年（1596 年）仲春；西碑为明万历都察院右佥都御史宗人汪应蛟撰文，立碑时间在万历辛丑年（1601 年）。两通碑文，为万历扩建工程后所立，详述潜川汪氏的源起、祠堂建造始末、建筑形制及捐输，其中不乏诸多赞誉之辞。

由戟门而抵仪阖，仪阖即正门。有三门洞，正中上悬“越阈世家”匾，表明自己是汪华越国公的后裔。正门后被拆除，现在依照原制复原。东壁存一通清康熙五年（1666 年）立的“重修金紫祠记”碑。文为族属“内秘书院侍读汪炼南”撰，记述了原祠的建造始末及此次维修前后事。修缮时间在康熙癸卯年（1663 年）。

经甬道，登露台，抵享堂。大堂内挂有 10 多块匾额，还有董其昌书写的对联和三个龙亭，亭内原藏有圣旨，早年已经毁失。大堂形制难考，现做遗址保护。

最后一进寝殿。后寝十一开间，阔 31 米，中为五开间，左右各三间。寝殿后是一幢上下三间对堂的汪公殿，为祭祀徽州汪氏十四世祖汪华公而建。内挂“保障六州”横匾。

享堂东侧廊，有边门可通一四间二层楼屋，是为神厨，专为祠堂祭祀食物加工所备。单披水屋面，东临街面开边门可进出。

该祠从始建起，历史传承十分明晰，历次修缮也有记载。汪氏更是将郡内包括许国、汪应蛟等官居一品的大员请来撰写祠堂记，可见其历史地位及影响力，也颇见祠堂营建者的良苦用心。

1938 年 2 月，新四军来岩寺地区集结，陈毅带着他的第一支队驻扎在潜口，金紫祠就成了当年新四军整训的政治课堂。1939 年，国民党 23 集团军驻唐模，93 兵站医院就设立在金紫祠内。民国时期，这里还成为人民教育家陶行知教育思想在皖南实施的第一个实验基地。1931 ～ 1940 年为公小学、紫霞学校曾给这座寂寞幽深的古祠留下了清亮的读书声。1950 年起，金紫祠一直为潜口粮站使用。20 世纪 60 年代起，三源桥和水池陆续被拆、掩埋，粮站后为建仓库和管理用房，也拆除了一些建筑。2012 ～ 2014 年，将潜口粮站从祠堂内迁出，整饬门前广场，按照明代风格，恢复了祠堂除享堂、牌坊外的其他建筑，使这个徽州境内规模最大的古祠堂重现了昔日的风采。

3. 恩褒四世坊

位于潜口村内，建于清乾隆五年（1740 年），是潜口汪氏最后竖立的一座牌坊，俗称“新牌楼”，四柱三间三楼，四柱冲天式石牌坊。高 11.4、宽 9.5 米。东西向，月梁粗大，饰包袱锦。

图 1-15　恩褒四世坊

顶楼龙凤榜，东西刻“诰命”，西边刻“特恩”。横匾东西刻“恩褒四世”，西面刻“卿月郎星”四字。碑刻小字记事，记潜口人汪应庚（1680 ～ 1742 年）字上章，号云谷，别号万松居士，业盐于杨，富而好施，多次捐赠银两、物资救助饥民，笃于宗亲，诰封光禄寺少卿；儿子汪起诰授刑部湖广司郎中，汪应庚父、祖父受封赠，四代夫人亦得诰命，立坊旌表。落款为“大清乾隆五年岁次庚申仲春月吉旦立”，下匾额有大篇小字。汪应庚常以济人利物为心，捐资 1.3 万两购学田，以所入租粟为岁葺费，戴震为撰《汪氏捐立学田碑》。资助乡人应试盘缠，后成定例，士人称为“汪功”。乾隆元年（1736 年），重修大明寺（又称“栖灵寺”“法净寺”）庭院西侧平山堂，并于堂西蜀岗植松十万株，筑万松亭，故号万松老人，万松主人。著有《平山揽胜志》10 卷（今藏南京图书馆）。数次出巨资救灾、修葺祠堂、学堂，建桥以济行旅，造船以拯覆溺，动辄以数十万计。善举极多，居两淮之最。恩褒四世坊现为区级文物保护单位（图 1-15）。

4. 许承尧、王允孝与巽峰塔

1942 年 5 月 22 日，侵华日军先后两次共出动飞机 14 架次，对境内岩寺、潜口两地实施轰炸。其中，在岩寺投弹 2 枚，炸死居民 3 人，炸毁房屋 2 幢；在潜口潜坑村投弹 16 枚，炸死居民 5 人，炸伤 16 人，炸毁房屋 5 幢[①]。此时国民党唐式遵率领的川军驻守皖南，总部设在唐模、棠樾一带。有人主张炸毁歙县河西大桥、以阻敌军入侵，拆除岩寺、潜口等处古塔，以减少敌机轰炸目标。许承尧与王允孝一同面见唐式遵，力阻川军炸潜口巽峰塔克制日军进攻的计划，请其待敌寇十分迫切再执行，遂将连巽峰塔在内的几处古建筑保全（图 1-16、图 1-17）。

图 1-16 敌军轰炸图片

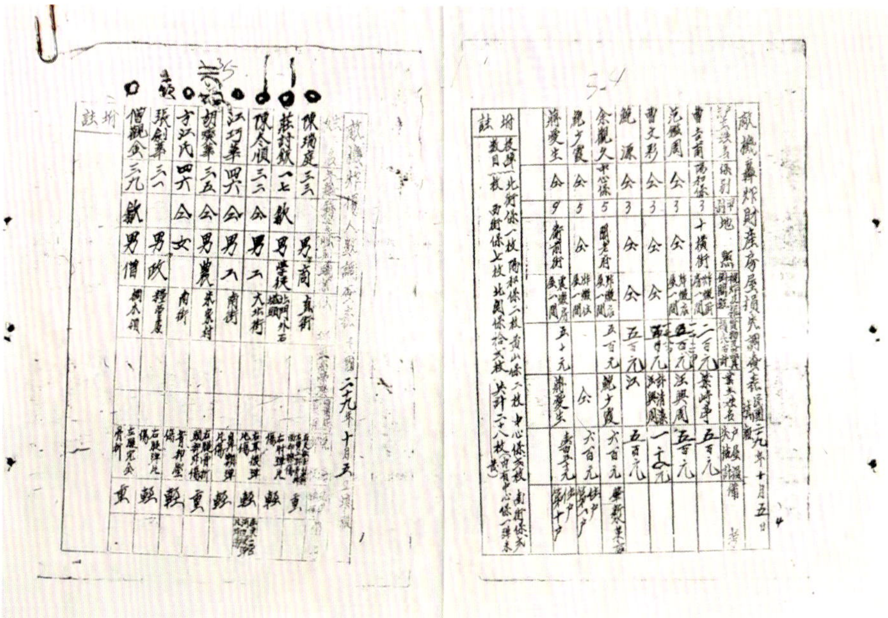

图 1-17 敌军轰炸损失统计表

① 引自《敌军轰炸岩寺潜口图片》，现藏于岩寺新四军军部旧址纪念馆，近代。

许承尧（1874～1946年），字际唐，号疑庵。室名眠琴别圃、晋魏隋唐四十卷写经楼等。光绪三十年（1904年）进士，授翰林院庶吉士，先后创办徽州府立新安中学堂、府立紫阳师范学堂。先后任安徽省高级参议、安徽全省铁路督办，甘肃省政府秘书长、甘肃省政务厅厅长等。著有《歙县志》《歙故》《疑庵诗》《歙事闲谭》等。王允孝，潜口坤沙人，潜口颐和堂中药店老板，其药店曾经誉满徽州，本人为潜口士绅。王允孝民国时在潜口开颐和堂中药店，20世纪40年代在潜口老街建新屋，曾请好友许承尧为其门楣题词“兄弟怡怡”，应为兄弟感情好，亲密无间之意，现建筑尚存。1947年，积极参与歙县旅沪同乡会消灭歙县恶性疟疾的运动，因“热心公益，素负声望”被聘为该会驻歙四乡董事之一，承接在西乡分发施送该会在沪所购西药疟疾丸和痧药水等工作，为治疗歙县四乡人民的病痛，抑制暴疟流行，保证乡民的健康做出了一定的贡献。

5. 潜口老街及历史遗迹

北起惇本祠，南至金紫祠，空间结构呈鱼骨式形态，纵向封闭完整，蜿蜒曲折，横向通过小巷。潜口老街是保持和延续明清时期传统风貌的商业步行老街，是保持地方传统文化特色的文化老街，是潜口文物遗迹的重要组成部分（图1-18）。

图1-18　潜口老街

第二章

巽峰塔及其建筑形制分析

巽峰塔，位于潜口村东南，建于明嘉靖甲辰年，七层八面，阁楼式砖塔。外观七层，内部四层，塔梯壁内折上。2012 年被列为黄山市文物保护单位。2019 年被列为安徽省文物保护单位（图 2-1）。

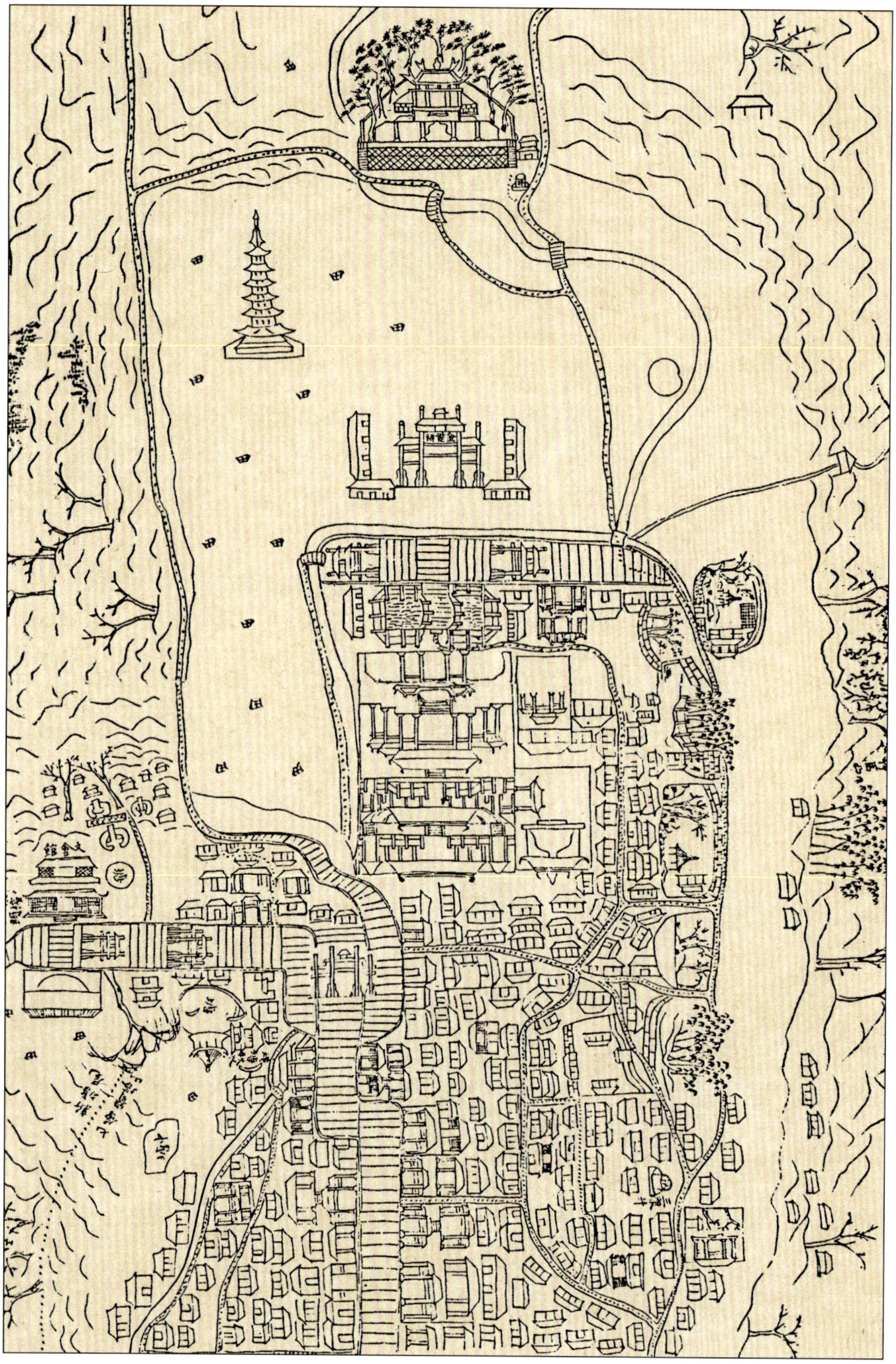

图 2-1
清汪道让绘巽峰塔图

第一节

建塔时间

塔砖、塔记、《光绪潜川汪氏宗谱》《汪氏通宗谱中市》《嘉靖徽州府志》《康熙徽州府志》《道光徽州府志》等资料对建塔时间都有记载，遂可准确推断出建塔时间。

（1）塔砖。塔身砌筑用砖上有模制的“大明嘉靖甲辰年造”“竹溪建立塔”等字样（图 2-2）。

（2）二层塔室的塔壁高处有一块建塔记略碑（图 2-3），碑文内容：“潜川山水萦聚，气概伟雄。水口山低，拱卫峰远。爰捐不赀之金，独建浮屠巽位，增其形胜，益荫一方。悠久无疆，受天之庆。大明嘉靖贰十三年岁次甲辰孟冬月朔旦 潜川竹溪汪道植建立 偕室胡氏 杨氏 王氏 男 汪文昭 文曜文明”；五层塔室墙壁上嵌有一块“塔记”碑（图 2-4），碑文内容为“大明嘉靖二十三年岁次甲辰初二日……竹溪翁汪道植”。

图 2-2　塔砖照片

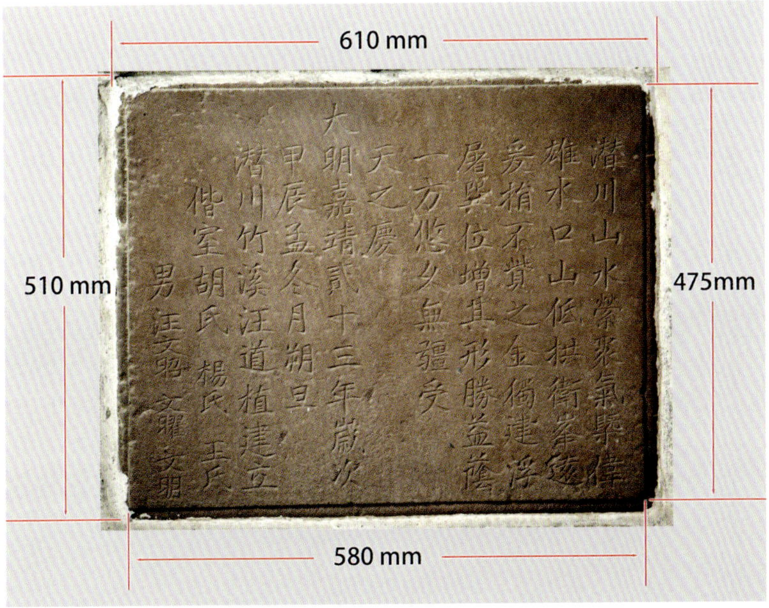

图 2-3　塔铭

图 2-4　塔记

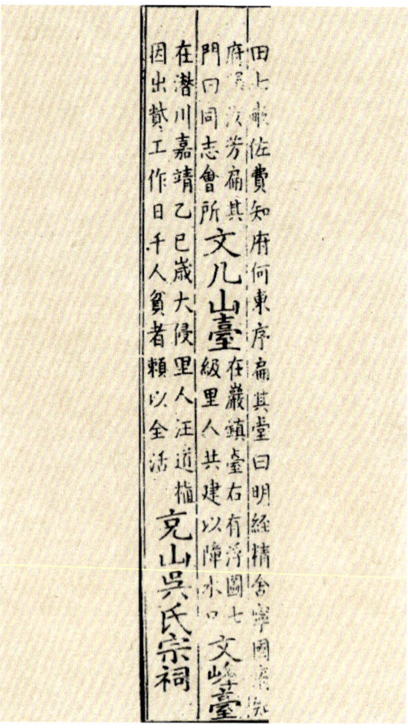

門口同志會所文几山臺在巖鎮臺右有浮圖七級里人共建以障水口文峰臺
在潛川嘉靖乙巳歲大侵里人汪道植因出貲工作日千人貧者賴以全活　充山吳氏宗祠

图 2-5　嘉靖徽州府志对潜口塔的记述

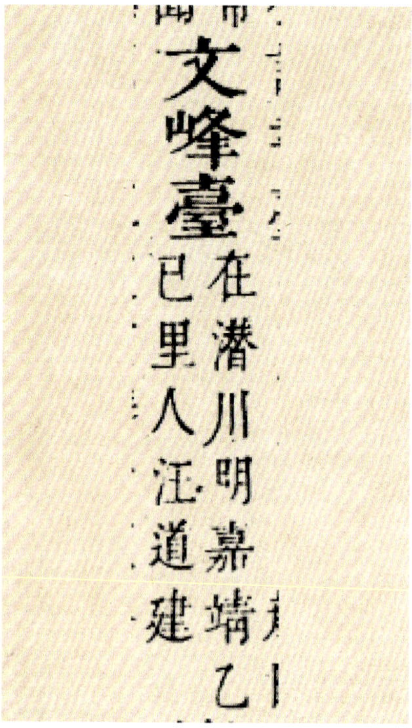

文峰臺在潛川明嘉靖乙巳里人汪道建

图 2-6　康熙徽州府志对潜口塔的记述

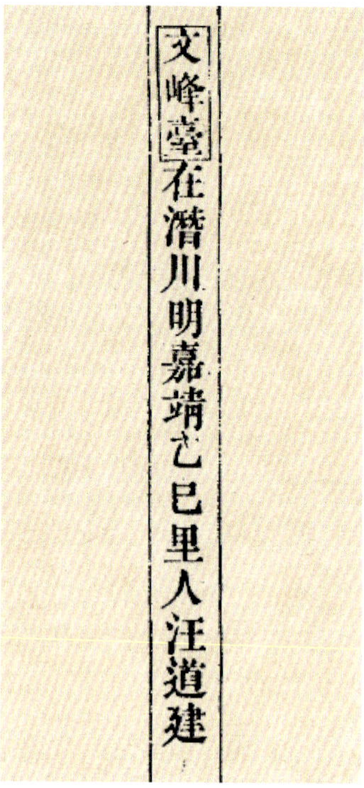

文峰臺在潛川明嘉靖乙巳里人汪道建

图 2-7　道光徽州府志对潜口塔的记述

（3）嘉靖、康熙、道光徽州府志，分别记述如下：

文峰台在潜川嘉靖乙巳（1545 年）岁大侵里人汪道植因出赀工作日千人贫者赖以全活[①]。

文峰台在潜川明嘉靖乙巳里人汪道建[②]。

文峰台在潜川明嘉靖乙巳里人汪道建[③]（图 2-5 ～图 2-7）。

（4）潜川汪氏宗谱。光绪己亥重修汪道让记载最为完整、精准："嘉靖甲辰乙巳连岁大侵吾郡潜川竹溪汪公捐资兴工为浮屠于里东南潴水处高二十丈级七层费金数千有奇经始于甲辰（嘉靖二十三年，1544 年）之冬落成于戊申（嘉靖二十七年，1548 年）之春。"[④]

通过以上塔内实物与文献资料记载，可以确定潜口巽峰塔历时五年建成，始建于嘉靖甲辰（1544 年）年冬，落成于嘉靖戊申（1548 年）年春。

① （明）《明嘉靖徽州府志·卷二十一宫室》。

② （清）《康熙徽州府志》。

③ （清）《道光徽州府志》。

④ （清）汪道让：《潜川汪氏族谱光绪乙亥重修》，现藏于安徽中国徽州文化博物馆。

第二节
建塔缘由

塔是徽州水口中重要的元素之一。水口关镇作用莫过于建塔，水口文峰塔有昌文运、兴文风的作用，同时也有关锁、镇魇、祈福、礼佛等精神心理的慰藉。巽峰塔建塔缘由主要有三：

其一，提振水口风貌、丰富建筑园林。水口是徽州村落空间序列的开端，多选于山脉转折、流水环绕的地方，依据风水学说及地形，一般位于村落的出入口，同时在水口辅助建造些富于人文气息的建筑，以塔、牌坊、庙、亭、台、堤、桥、树为主，水口与相对封闭的自然地形容易形成空间上的对比，进入水口后有豁然开朗、别有洞天的景观效果。“风水之说，徽人尤重之。”在他们的传统理念中，一地风水的好坏，关乎甚至决定着个人、家庭、家族、宗族乃至整个村落的兴盛与衰落，所以，在住宅、村居的选址以及村落的布局、营建等方面，徽州人是十分精心、慎重的。作为一个村落的门户、咽喉的水口，自然是整个村落营建的重点。而且，在徽州传统风水理论中，水象征着财富，不能任其肆意腾泄，所以，为了留住财气、福运，徽州人往往会在“一方众水所总出处”的水口广植林木，造桥锁关，辅之以亭、台、楼、榭、塔等被称作“镇物”的建筑，以增加锁钥气势，障空补缺，弥补自然环境的不足，营建出一个徽州人心目中用来守住财富、留住财气的水口理想模式。潜口巽峰塔就是基于这种传统风水理论而规划、修建的一座水口塔，从塔记上可以清楚地看出汪道植建塔以提振潜口风水的用意。

其二，以工代赈。材料一《新安名族志前卷·汪》记载：“道植，号竹溪，以殷硕闻，当捐已赀独建文峰宝塔于水口，以利一方，又建石桥三所，以便往来，郡守佘公旌奖之；岁饥，每发廪施济，乡人德之。”[①]材料二《明嘉靖徽州府志·二十一·宫室卷》记载：“文峰台，在潜川嘉靖乙巳岁大侵里人汪道植因出资工作日千人贫者赖以全活。”材料三《潜川汪氏宗谱》记载：“嘉靖甲辰、乙巳，连岁大侵。吾郡潜川竹溪汪公，捐资兴工，为浮屠于里东南潴水处，高二十丈，级七层，费金数千有奇。”从已知的资料看，潜口巽峰塔的建设是汪道植在连年自然灾害、粮食歉收、民不聊生的状态下，为救济百姓、以工代赈的善行义举。

其三，崇佛，世多有塔，事佛崇虚。巽峰塔周边曾有雨花庵、真武坝等佛家遗迹，民国版《歙县志·营建志·寺观》记载：“雨花庵在潜口文峰塔下，今庵圮塔存。”[②]雨花庵，乃庵堂名，庵堂为古时佛教中出家修行的女教徒居住和生活的地方，历史上有七座庵堂，分布在潜口古镇四周，称“七星庵”，雨花庵便是其中之一。塔内一层四周壁龛、莲花须弥座、二层的佛像墨画、天宫内的佛家五供，均说明此塔与佛教相关。一层四周壁龛已被挖空，供奉佛像无从考究。天宫内的五供用品齐全，限于内部空间，未按照五供的摆放位置摆放。根据天宫摆放物品，应是按照五供物品加铜镜的方式摆放，香炉，朝铜镜一侧有残损，根据位置关系及铜镜倾斜角度应为铜镜

① （明）戴廷明、程尚宽等撰，朱万曙等点校，余国庆审订：《新安名族志卷·汪》，黄山书社，2005年。

② （民国）《歙县志·营建志·寺观》。

图 2-8 天宫文物分布

倾倒时砸损；烛台一对，摆设于香炉两侧，三脚铁质烛台，其中一只烛台脚有毁损无法站立；花觚一对，摆设于豆两侧，两只均毁损严重，一只毁为三节、一只毁为四节，底部有“子子孙孙永宝用之”篆文字样；铜像，背靠刹柱，面朝潜口村方向，右手食指有残缺、左肩法器有残缺；铜镜，靠刹柱直立，光面与铜佛面朝向相反；锡铁盒，佛教信奉里为谐音“喜”的同音，零碎铁花环一只，零部件多散落于香炉一侧，现已零碎多段，中间有孔洞链接，原来应为一整体；铜豆一只，摆设于铜像正前方（图 2-8 ～图 2-18）。

关于佛像的说法有二，其一认为是文殊菩萨，原因是文殊菩萨主文运，与徽州重视科举、提振文运建塔的主旨相符。其二认为是地藏王菩萨，原因有三：一是建塔时，地藏王菩萨在九华山的道场已经形成，潜口距离九华山较近，无论从时间和空间上都有传播的可能。二是地藏王菩萨又称“大愿菩萨”，《地藏十转经》说，地藏菩萨能满众生所求，增长一切草木和农作物等，一切从地上生长的都得到丰硕收成，这是农民所希望的；《须弥藏经》说，地藏菩萨具有令众生增长精气、增进健康、祛除疾病的功德。这两则记载与建塔时“嘉靖甲辰乙巳连岁大侵”饿殍满地的历史背景相契合，也符合供奉地藏，祈求丰收、祛除疾病的初衷。三是菩萨的形象与九华山博物馆所藏的地藏菩萨像（见图 2-10、图 2-11）相似度极高。

图 2-9　塔内佛像

图 2-10　九华山博物馆馆藏地藏佛像

图 2-11　地藏王菩萨像（网络来源）

图 2-12　塔内铜镜（正面）

图 2-13　塔内铜镜（背面）

图 2-14　花觚

图 2-15　花觚底部铭文

图 2-16　铜豆

图 2-17　烛台

图 2-18　香炉

第三节
布局选址

潜口巽峰塔，受风水因素影响，选择的地理位置为潜口的东南方位，入村的水口，“水口”一词来源于古代风水学，其本身的含义是一方水之总出口处，崇尚以风水理论指导村落选址布局的古徽州人认为一村之“水口”乃聚水聚财聚气之地，便要在此处广植树木，并辅以人工建筑牌坊、亭榭、楼阁、路桥、塔楼、书院等，以期“扼住水口，藏风聚气”，使家族人丁兴旺，财源滚滚。巽峰塔选址于此正因此原因，且东南主文运，以振文风。

据徽州区志载：“潜口水口分上、下水口两部分。上水口位于村北的紫霞山、观音山、上庙一带。旧有水香园、栗亭、宛然亭、霞山草堂、索笑轩、碧汜楼、渊明旧里坊、轩辕坛、观音庙、

图 2-19　巽峰塔地理位置

双忠庙（俗称“上庙”）等建筑；下水口位于村南，有真武坝（俗称“桃花坝”）、真武观、雨花庵、巽峰塔等建筑。”[1]（图 2-19）

巽峰塔布局选址。潜口村沿狭长谷地布局，地势由北向南倾斜。而文峰塔建造的位置和方向常在城镇的甲（东偏北）、巽（东南）、丙（南偏东）、丁（南偏西）四个方位上。且多立于城外山顶、山麓或城墙上，其坐向以“去处为向，来处为坐”。在实际建设中则常受当地地形和水流方向的影响，最常见的方位在巽位，即东南方。《山海经・图赞》记载：“地亏巽维，天缺乾角”，按堪舆家的说法，东南洼而地轻，地气外溢难出人才，须建塔镇之；《易・巽》巽象风：“随风，巽”，疏云：“风既相随，无物不顺”，巽为文章之府，塔有卓笔之形，以提振文峰。潜口村南低而北高，东有万贯山，西侧络狮山，但竹、阮两溪沿山脚腾泄直下，不能藏气聚财，于是村人在村南修建塔、坝，并广植乔木，形成一堤锁二山之势，并摄竹、阮二溪之水。坝上建真武观，供奉水神，镇水聚财。同时于坝内修庵堂一座，庵旁竹溪，岸上桃花夭夭，雨花缤纷，故名雨花庵，并建成巽峰塔，用以关镇水口，并彪炳文昌，现村南水口已恢复重建，主要建筑有内湖、外湖、湖山、亭榭、曲桥、竹林、绿地等。

巽峰塔四至关系。塔位于村东南，以塔为中心，东至路；西至汪竹溪等地；南至汪敦睦等地；北至汪叔武等地。东面宽十七步二分，延伸二步一分；西面宽廿二步；南面廿步六分，延伸部分宽十五步；北面宽十七步二分[2]（图 2-20）。

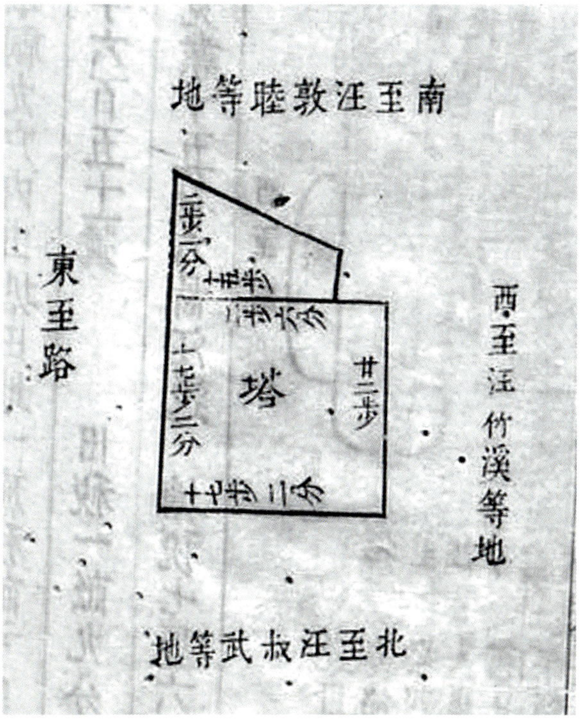

图 2-20　潜川汪氏敦本祠溯源谱巽峰塔四至图

① 吴晓春主编：《徽州区志》，黄山书社，2012 年。
② （清）汪士虵纂修：《潜川汪氏敦本祠溯源谱》，清代刻本。

现文物保护单位保护范围：①保护范围：东 15 米至岩潜公路，西、南、北各 20 米；②建设控制地带：保护范围外，东至岩潜公路东；西、南、北各 50 米（图 2-21）。

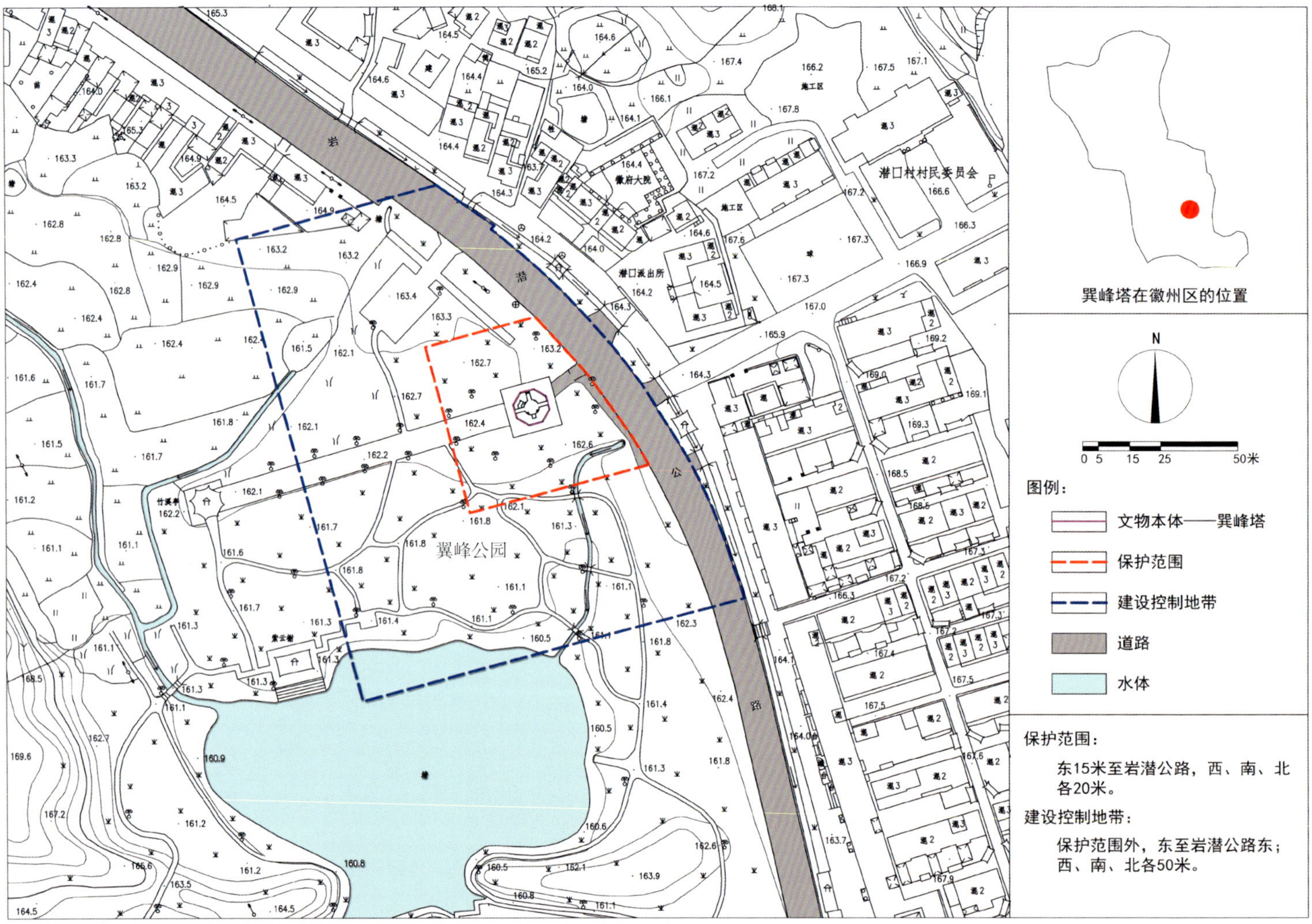

图 2-21 巽峰塔保护区划图

第四节
建筑形制

图 2-22　外立面图

巽峰塔，底层对径 10.62、总高 39.9 米。塔体庄严厚重，塔身逐层内收，收分明显。各层砖制叠涩腰檐、无平座。塔顶八角攒尖（图 2-22）。

塔内设四个塔室，均为穹顶。塔梯为壁内折上式，由一层西入口起步，顺时针逐级而上。砖塔门窗均为拱券式，有明窗，也有盲窗。除顶层外，凡明（门）窗，均分布在东南西北四个方向。

该塔历经风雨，现灰面剥落，青砖裸露，呈现出模制的“大明嘉靖甲辰年造”“竹溪建立塔”字样。

1. 平面形式

巽峰塔，平面为八角形，内共设四个塔室，总建筑面积 450 平方米。一层对径 10.62、边长 4.4、壁厚 3.01 米，面积 93.4 平方米，东、西、北面设门，门洞宽 1.27 米；二层对径 10.62、边长 4.4、壁厚 3.01 米，面积 93.4 平方米，东、西、北面设窗，窗洞宽 1.15 米；三层对径 9.92、边长 3.81、壁厚 2.8 米，面积 70 平方米，东、南、西、北面设窗，窗洞宽 0.87 米；四层对径 8.6、边长 3.56、壁厚 2.5 米，面积 61.2 平方米，东、南、西、北面设窗，窗洞宽 0.8 米；五层对径 8.2、边长 3.4、壁厚 2.3 米，面积 55.7 平方米，东、南、西面设窗，窗洞宽 0.75 米；六层对径 7.56、边长 3.13、壁厚 1.98 米，面积 47.2 平方米，仅西面设窗，窗洞宽 0.7 米；七层对径 7.04、边长 2.92、壁厚 1.87 米，面积 41 平方米，八面均设窗，窗洞宽 0.7 米（图 2-23；表 2-1）。

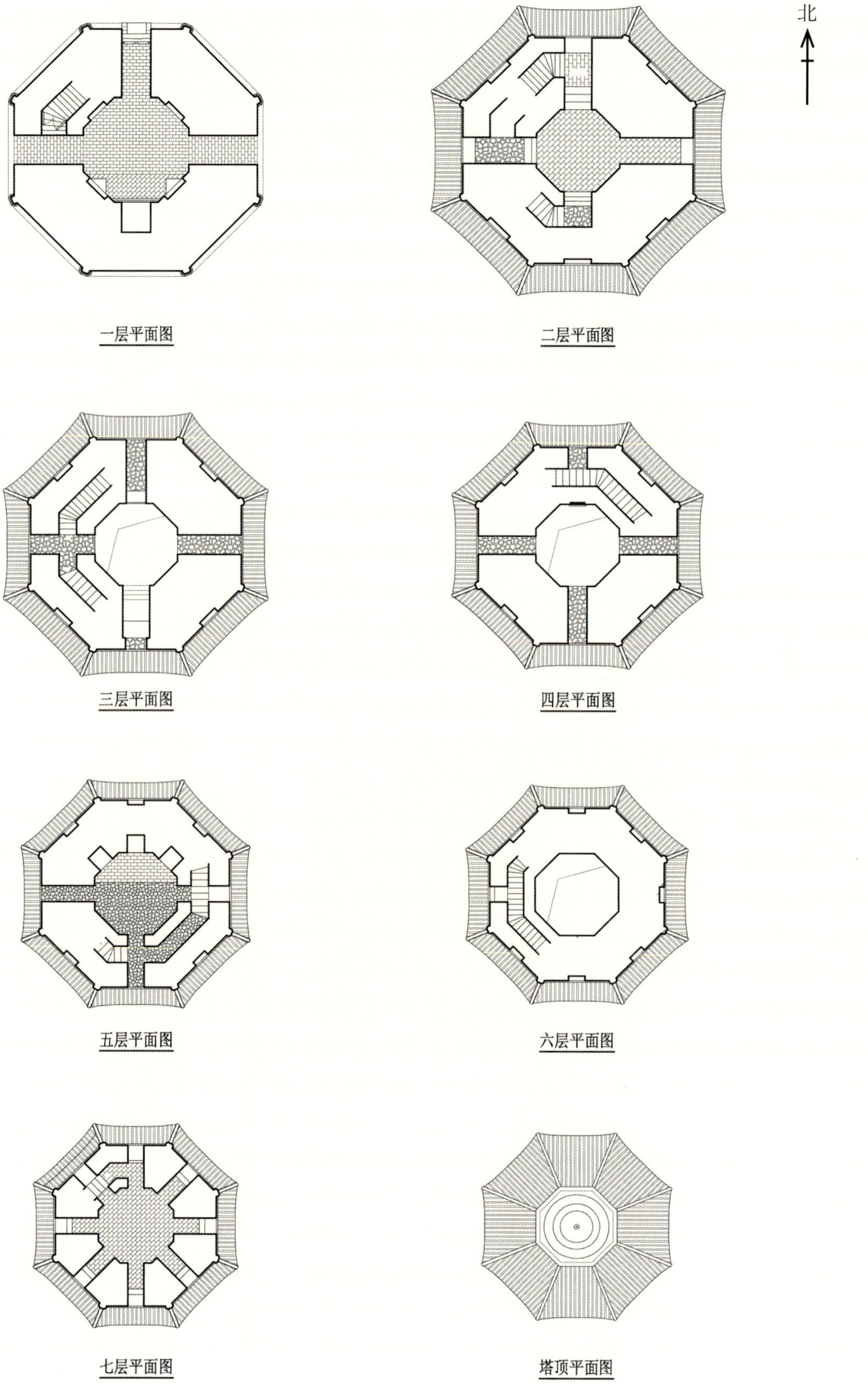

图 2-23　各层塔平面图

表 2-1　巽峰塔门窗开设情况统计表

	北	东北	东	东南	南	西南	西	西北
七层	开	开	开	开	开	开	开	开
六层	—	—	—	—	—	—	开	—
五层	—	—	开	—	开	—	开	—
四层	开	—	开	—	开	—	开	—
三层	开	—	开	—	开	—	开	—
二层	开	—	开	—	—	—	开	—
一层	开	—	开	—	—	—	开	—

值得注意的是二层塔室西面券门内，南北两侧有被封堵的门洞，门洞左右下方有砖砌须弥座。从掏挖的入口看，壁、顶均有抹灰面，且灰面完好，封堵砌砖均有与塔身相同的字样，据此判断应为建塔时所封堵，封堵原因不详（图 2-24、图 2-25）。为了塔身安全，未做深入挖掘。而二层通往上层的入口，仅在南面的神龛上设有楼梯，上层台阶距二层地面落差 2.3 米，为垂直状态，需借助活动梯子登临，至于为何如此设计未找到直接文字记载，据推测原因可能有二：

图 2-24　通道外部（左）内部（右）

一是此塔为汪道植独资所建，所有资金均是自筹，在连年大侵的时代背景下，修建过程中可能出现资金短缺，遂将层层登临、旋转而上的方式改为二至四层中空，合为一层空间的方式处理，以节省开支；二是不予外人登临。此塔为独资所建，汪道植对塔的管理和使用具有绝对的决策权和话语权，将其视为私有产权处理，不设登临楼梯，目的就是不让外人登临（图 2-24、图 2-25）。

图 2-25 登临楼梯

图 2-26　塔基勘察

2. 塔基

在勘察塔台基地面时，发现东侧门洞处地面有一处裂缝，沿着缝隙做挖掘，深度 1 米，暴露面呈现砖体结构塔基，塔基外沿略大于一层塔身外 25 厘米，可承托倚柱柱础。砌筑面垂直整齐，砌体按一顺一丁方法砌筑，砖规格同上部塔砖。1 米以下基础较坚硬复杂，为塔体安全，未做进一步挖掘（图 2-26）。另外塔一层地面中心位置原有深坑，直径约 1 米，后碎砖回填，在清理坑洞碎砖时，坑四周砖有序砌筑，清理深度达 13 皮砖，下方依然为整齐砖砌体，遂未向下挖掘。

3. 基座

据汪氏族谱载，该塔为汪道植于潜川“东南潴水处”出让自家田亩而建，属于平地造塔。从历史照片及现状看，塔一层地坪相对周边田地存在一定的高差，原为石磅土阶，相对简陋，可看作初建时的原貌。经近代维修，形成规整的方形台基，并铺墁青砖。塔身外未见须弥基座，而是在身内通圈设置（图 2-27、图 2-28）。

图 2-27　巽峰塔老照片台基情况
（摄影：Bill Hocker，拍摄时间：1981 年）

图 2-28　巽峰塔老照片台基情况
（拍摄时间：1992 年）

图 2-29 塔砖规格

4. 塔身

巽峰塔为七层八面楼阁式砖塔，内设四个塔室，底层对径 10.62 米，以上层层收分，塔壁从二层起，厚度亦逐层缩减，这种做法既可以减轻荷载，也可以节省工料。塔身全部用 330 毫米 ×160 毫米 ×70 毫米的青砖，表层 150 毫米厚的墙体用石灰浆，以内墙体用泥灰浆，外表以一顺一丁和内墙以错缝拉结组砌。通体抹以 3 毫米厚的石灰膏（图 2-29）。

塔身各层墙角均砌倚柱，即每面形成单间，各面设明窗或盲窗。柱头置阑额雀替，上为叠涩腰檐，如此向上层叠，是为仿木楼阁的做法。其一层立面，倚柱宽 34 厘米，隐出墙面 17 厘米，抹角 6 厘米。柱脚设红沙岩柱础承托抹角倚柱，柱头距地高 4.82 米，角向出梁头，似霸王拳，柱间施阑额，下为由额，由额两端下设雀替，上下两额间置一斗三升补间斗栱二朵。柱头之上设平板枋，上置重栱，承隐出的檐枋，檐枋两端生起，仿生头木做法。补间重栱亦为两朵，柱头斗栱转角处出层叠的卷头，并刻云头素线纹饰（图 2-30 ～图 2-32；表 2-2）。

图 2-30 塔身细节

图 2-31 雀替细节

图 2-32　倚柱卷头

图 2-33　上层塔身

表 2-2　巽峰塔塔身尺寸统计表

（收分：上下层对径尺寸差值；收分率：上下层对径尺寸比值；层高：外观上下层之间高度）　　单位：米

	一层	二层	三层	四层	五层	六层	七层	合计
对径	10.62	9.92	9.2	8.6	8.2	7.56	7.04	—
收分	—	0.7	0.72	0.7	0.4	0.64	0.52	3680
收分率	—	93.4%	92.7%	93.4%	95.3%	92.2%	93.1%	—
塔壁厚	3.01	3.16	2.8	2.5	2.3	1.98	1.87	—
层高	7.98	5.15	4.75	4.04	4.12	3.85	3.81	—

二层以上各立面做法较为简单，倚柱间仅施阑额一道，两端下设雀替，柱头角向亦出梁头。阑额上不施斗栱，之上则为叠涩腰檐（图 2-33）。

5. 塔室

塔外观七层，内部则为四个塔室空间，平面亦均为八角形。分别为：一层塔室（暂名塔室一，余同理），二、三、四层通并为一个塔室（塔室二），五、六层通并为一个塔室（塔室三），七层塔室（塔室四），各塔室均为穹顶（图 2-34 ～图 2-37）。

图 2-34 塔室一

图 2-35 塔室二

图 2-36 塔室三

图 2-37 塔室四

塔室一内对径 4.6、高 7.56 米，面积 17.5 平方米。塔室立面由下至上为基座、须弥座、塔身、一斗三升斗栱、平板枋、半混叠涩穹顶，均为仿木构造。基座砖 4 皮，高 0.38 米。须弥座高 0.5 米，由下枭、束腰、上枭组成，表面素华，其做法与宋《营造法式》垒砌须弥座之制基本一致，束腰，上、下枭比例各占 1/3（图 2-38、图 2-39）。以上高 3.41 米至枋底，枋上下出混线及皮条线，上为平板枋，枋上每边补间置一斗三升斗栱两朵，攒距 0.83 米，其栌斗、栱材及小斗与《营造法式》所述式样略有差别，其斗栱及材高比例较大。斗栱之上则为八棱锥式穹顶，高 2.3 米，由单混砖层层叠涩，向上收拢，计 45 皮，其叠涩砖较塔壁砖规格较小，每层带灰缝厚约 5 厘米。穹顶正中收为明镜，设铁质灯钩。底层南壁正中设佛龛、下制供台。佛龛为壶门式，莲叶三瓣出牙子，中间莲顶雕摩尼珠图案，佛龛面北而设，正对潜川，表明了保佑一方平安的意愿（图 2-40 ～图 2-42）。

塔室二内对径 3.6、高 13.9 米，面积 10.7 平方米，通高三层。下亦通设须弥座，塔室东、南、西、北各面设门窗洞，余面均为素面。其中北面下层为券门，上有碑刻两通。南面下层设供台，台面距塔室地面 1.96 米。台口为混枭砖叠涩砌筑，厚 35 厘米，下为台身，高 67 厘米，中间隐出两根间柱，分三间。供台之上为登塔的唯一通道，需借助活梯方可登临，此做法罕见，亦难追其缘由。下层塔门各通道处，绘制有佛像图案（图 2-43）。

塔室三内对径 3.6、高 5.95 米，面积 10.7 平方米。西北、北、东北三面塔壁分别设佛龛，未见造像，但均绘制菩萨图案，跏趺坐，背有圆光，塔室内壁绘制协侍菩萨等图案（见图 2-44）。

图 2-38　须弥座

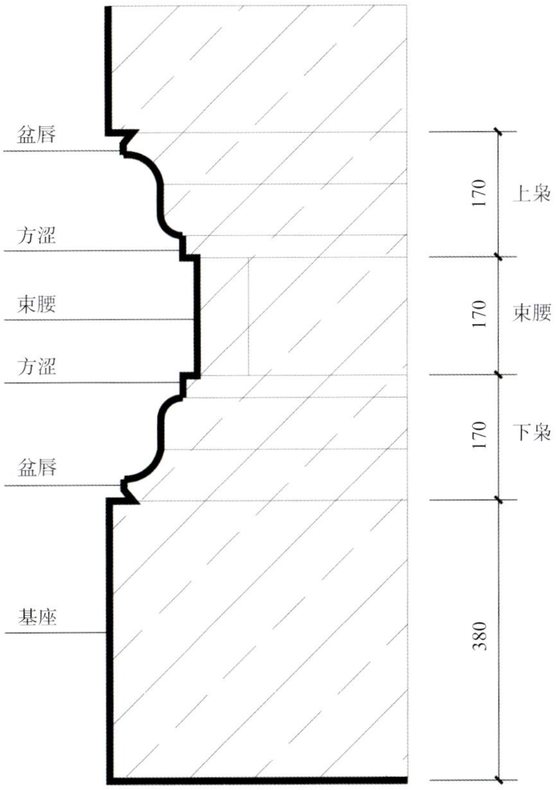

图 2-39　须弥座构造

图 2-40 斗栱

图 2-41 佛龛

图 2-42 穹顶明镜

图 2-43　佛教题材图案

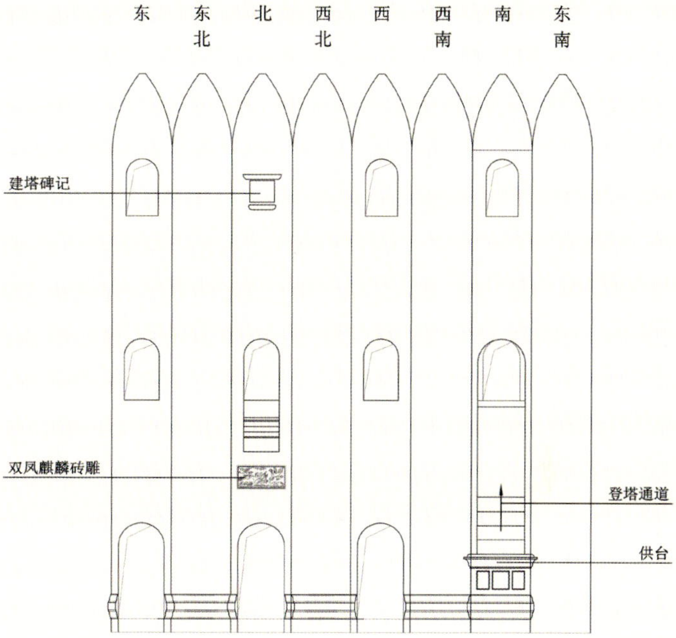

图 2-44　塔室二立面展开图

塔室四内对径 3.3、高 4.03 米，面积 9.02 平方米，七层为独立塔室，因八面开窗，未设佛龛，但穹顶等处亦绘制佛教题材图案，已漫漶不清。

6. 塔梯

该塔交通为壁内折上式，一层入口位于西侧券门处，其梯宽 1.1 米，顺时针登梯，达二层北侧券门出口，相当于 1/4 周，计 25 步。二层往上则需从南面供台上方券门处，借助活梯登临上部塔室。即供台上先起 4 步，再顺时针 10 步至三层西侧券门出口，其梯宽 0.94 米；继续向上 35 步，至五层东南角出口，其梯宽 0.76 米；再从南侧券门处，顺时针向上 27 步，至七层西北角出口，其梯宽 0.67 米。

塔梯用砖砌造，砖长为踏面，丁头为踢面，横立砌筑，大面为短连结面。为符合层高和面宽的需要，一到二层踢面高 330 毫米，踏面仅 210 毫米，用 330 毫米 ×160 毫米 ×90 毫米的青砖砌筑。二至七层略缓，踢面高 240 毫米，踏面 290 毫米，用砖规格均同一层。

7. 塔刹

塔刹为铁质铸造，笔锋造型，净高 5.3 米，刹和塔高度比为 1 ∶ 7.5。塔刹立于砖塔顶端刹基之上，其构造总体由两部分组成，一是外部的金属塔刹，二是内部的支撑系统。外部塔刹自下而上分别由刹基、覆钵、宝珠 3 个部分、共 8 个分件组合而成，层层相扣，其分件参数见表 2-3。内部支撑系统由刹柱、上下石盘、铁骨架组合而成。刹柱直径 0.28 米、高 5.8 米。下石盘直径 1.4、厚 0.2 米，重 0.55 吨，上石盘直径 0.92、厚 0.1 米，重 0.15 吨。由下部砖刹基穿石盘中心圆孔直至刹尖，刹柱与石盘中心圆孔间隙内插入木楔牢牢固定。铁骨架随刹内空间呈锥形，由 4 厘米宽铁条及铁肋组成，铁条贯穿上下石盘，直达仰盆口沿处铁肋上，此举可防铁条脱扣。其顶端宝珠内即为上下石盘隔离出的独立空间，为天宫所在，塔刹打开时，其供器布置均为原状，可见塔刹为初建时的原物。此塔塔刹构造极为机巧，是不可多见的塔刹工艺实物（图 2-45 ～图 2-47；表 2-3）。

天宫内摆放文物 9 件。

铜像：高 26.8、底座长 16.5、底座宽 12、底座高 6 厘米；

表 2-3　巽峰塔外部塔刹分件尺寸及重量统计表

参数 \ 分件	覆钵	宝瓶	合计
直径（m）	2.5	最小处 0.76，最大处 1.68	
高度（m）	0.63	4.67	5.3
重量（T）	1.7	3.8	5.5

图 2-45　塔刹

图 2-46　塔刹支撑铁条

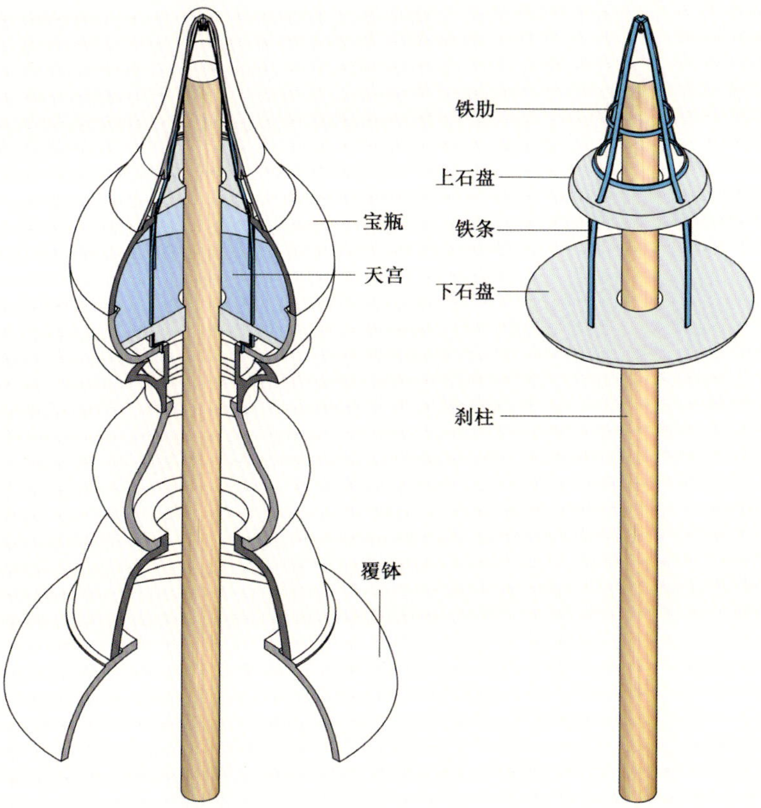

图 2-47　塔刹及内部构造图

铜镜：直径 42、厚 2.9、纽高 1.8 厘米；
铜炉：口径 19.5、通高 27.2、腹径 21.8、耳高 5.8、耳宽 5 厘米；
铜豆：口径 15.1、高 17、底径 14.2 厘米；
锡斗：长 14、宽 10、残高 22 厘米；
烛台（一对）：高 57.5、对角 21.5 厘米；
觚（一对）：口径 15、残高 25.1、底径 9.5 厘米。

8. 塔檐

腰檐屋面采用叠涩出檐法，其优点是耐久性长，工料成本较少。从塔自身来看，一是塔的外形使然，二是因塔内无木作，不存在层间防火需求，因而采用叠涩出檐是非常适用的做法。叠涩均以混砖起，再出菱牙砖，上下交错层层出挑。一层各出 12 路，二至三层各出 10 路、四至六层各出 8 路、七层各出 6 路为塔之出檐。檐角生起，塔檐成弧线造型，端庄厚重的塔身顿感轻韵。（图 2-48 ～图 2-50）。

在塔顶屋面发现青瓦残片，在各层腰檐瓦脊当沟处也发现黏附的青瓦盖瓦，因而可以断定，本次维修之前的塔檐，采用的是青瓦铺盖。底层屋面每边平出 1.2 米，至六层逐渐收至 0.8 米，

图 2-48 腰檐

图 2-49 腰檐屋面披水及当沟

图 2-50 塔顶屋面

图 2-51　塔室三塔记碑

屋面举折约五分；塔顶屋面每边平出 2.5 米，总举高约 1.5 米。屋面均略带曲线，出戗角，压八青砖制戗脊。底瓦座灰铺设，上覆盖瓦，檐口则收以勾头滴水，瓦脊之上从塔身挑出披水砖一道，当沟抹灰筑脊，以防雨水渗漏。

9. 碑刻

塔内外存碑刻（含匾）四通，其一：一层塔室内北侧券门上方嵌有石匾，宽 1.13、高 0.73 米。上刻“巽峰”二字，因石质风化，字迹漫漶不清；其二：二层塔室内砖雕一通，宽 1.2、高 0.58 米，为双凤麒麟图，寓意子孙吉祥富贵；其三：二层塔室四层位置嵌红砂岩材质建塔记略碑一通，宽 0.58、高 0.5 米，碑身设下台上檐挑砖，颇具匠工，碑文内容为：“潜川山水萦聚，气概伟雄。水口山低，拱卫峰远。爰捐不赀之金，独建浮屠巽位，增其形胜，益荫一方。悠久无疆，受天之庆。大明嘉靖贰十三年岁次甲辰孟冬月朔旦 潜川竹溪汪道植建立偕室胡氏 杨氏 王氏 男 汪文昭 文曜 文明。”以上碑刻均嵌在塔室东壁而面朝西方；其四：五层塔室南侧墙壁上设圆额“塔记”碑一通，虽为塔记，却字数寥寥，仅为款识而已，书曰：“大明嘉靖二十三年岁次甲辰初二日……竹溪翁汪道植。”此碑下有碑座，疑其原先位于塔外露天，后迁移镶嵌至塔室内（图 2-51 ～图 2-54）。

图 2-52　一层塔室“巽峰”匾额

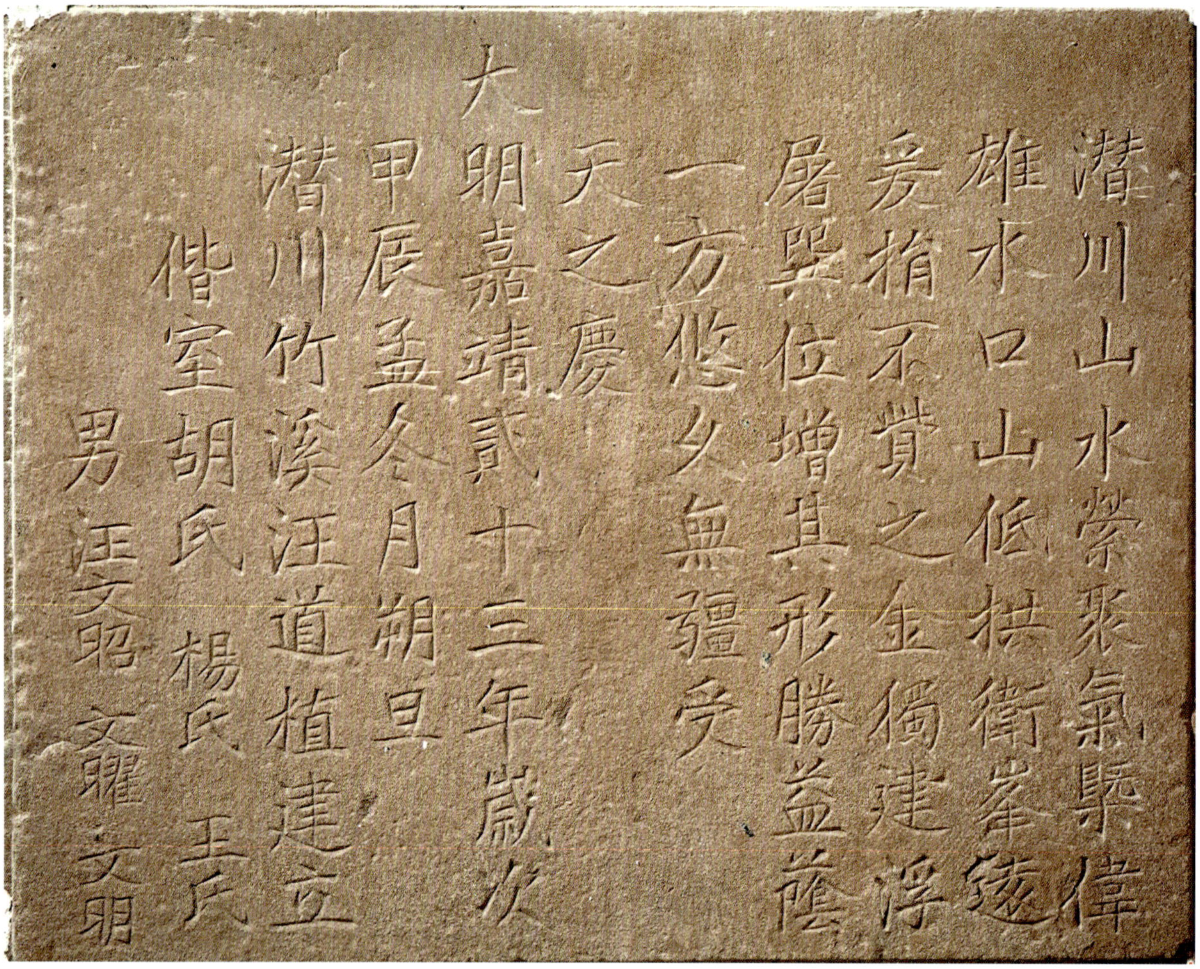

图 2-53 二层红砂岩建塔记

图 2-54 双凤麒麟砖雕

第三章 巽峰塔的文物价值

巽峰塔，浓缩了建筑技术、雕刻艺术、历史人文、社会经济、宗教文化等诸多元素，是徽州文化遗产的重要组成部分，见证了潜口兴衰沉浮的沧桑历史，反映了徽州的发展状况，宣扬了徽州民间的风水理念，巽峰塔以优美的造型、古朴的风姿、美好的寓意，屹立于徽州大地，作为重要的历史文化遗产，体现了徽州古代劳动人民的创造力和智慧，探究巽峰塔的建筑艺术魅力，可以让人感受古代建筑文化的伟大，使人们更好地借鉴与传承巽峰塔身上留下的深厚文化。作为徽州地区历史发展的见证、文化艺术的载体，巽峰塔不仅具有丰富的人文景观价值，而且在营造一方独特的自然景观方面也具有深厚的魅力，蕴含了极高的文物价值。

第一节
历史价值

巽峰塔始建于嘉靖甲辰年（1544年）冬，落成于嘉靖戊申年（1548年）春。距今近五百年，是见证汪氏在潜口的荣衰沉浮、徽州社会历史变迁的珍贵历史建筑。它的存在，为我们研究徽州建筑科学技术、造型艺术、装饰艺术及其丰富的文化艺术内涵，提供了宝贵而详尽的实物史料。巽峰塔是徽州古塔的代表，是古代匠人的杰作，它集建筑科学技术、造型艺术、历史文化知识于一身，其结构精巧，历史文化意义深远，文化艺术内涵丰富。经历数百年的沧桑而安然立存，体现了当时高超的传统建筑技术水平。

巽峰塔包含着丰富的历史文化信息，作为一个时代地域经济社会的缩影与见证，是区域社会文化现象的活化石。作为建筑文化的瑰宝，对人们研究古代社会、古代城市建设等都具有重要参考价值，对于探索明代徽州人文历史的发展面貌提供了不可或缺的材料。

第二节
艺术价值

巽峰塔是徽州楼阁式塔的代表。古之阮溪，山川秀美，又有亭台楼阁，祠园庙坊，加之巽峰塔障形补缺，使得村落格局完备，景观空间层次丰富。山高水远，有塔则妙笔点睛；地鄙人近，因塔而陡然生辉。巽峰塔庄严古拙，收束得体，以其独特的造型，矗立于潜口之南。从用材、工艺、平面造型到流线等都是对时代的艺术审视。从塔基到塔刹无不反映了当时人们的审美趣味及当时的艺术风格。塔基为须弥座承托，由下枋、下枭、束腰、上枭、上枋等几部分组成，其形制与《营造法式》所记做法相类似。通体塔砖镌刻“大明嘉靖甲辰年造”和“竹溪建立塔”字样，每一块塔砖都是精心特制，现在更成为一件件书法作品和文献史料。塔身倚柱、梁枋、斗栱、出檐等做法体现了明代徽州仿木结构的表现手法。造型精巧的砖制斗栱，弧度较大的升起屋檐，从中心开始向两端柱，逐步升高所产生的曲线使沉重、雄健的建筑变得活泼劲道、轻盈欲飞。外部轮廓、券门、神龛、仿木构部位以及塔刹等处曲线圆润、和谐、柔和、优美，具有轻松、活泼之感，观看起来非常舒展活泼。

塔体各种装饰图案，植物纹饰显得非常活泼生动，富有生气。天宫内部佛像造型端庄、线条柔和、刻画细腻、神韵兼具，花觚蝉纹清晰秀丽，铜镜光亮如新，清新秀美的莲花，栩栩如生的鸟兽，严实工整的图案，无不形象逼真，精美绝伦，每一件都是精湛的艺术品。

巽峰塔不仅是潜口城镇的象征，寄托乡思之物，更包含了广大民众的审美追求。巽峰塔是徽州古代高层建筑的代表，其造型优美，结构之巧，雕刻、装饰之华丽，均是其他古建筑类型所不能比拟的。

第三节
科学价值

巽峰塔为定制的砖砌筑而成。砖石材料在建造上主要采用发券、垒砌和叠涩的手法，仿木结构的建筑构件，因用力较多，各层均以柱额斗栱架椽挑檐，重重叠叠，结构精巧坚固。根据同时代距离此塔 6 千米的岩寺文峰塔《重修水口纪略》记载：修塔过程包括邀启、捐输台篆、辄吉、新旧司会阄分执事、塔师承揽、请示呈、县告示、牌示、劳县尊牌示、府告示、牌示、各捕保轮流值日、工名、工规、造老郎庙、安老郎、搭棚厂、搭架、塔顶图、塔顶诸器尺寸、宝塔全图、逐层尺寸并染色、采买各料并料价、工费等环节，巽峰塔在修缮过程中虽未发现本塔的修缮纪略，但同属一地，建造时间相仿、同为水口塔的记述，有一定的可信度，据此可知修塔是一个严格、周密、科学、程序严谨、分工明确、设计周详的系统工程。

塔内的柱、梁、斗栱、壸门、雀替等，无不精雕细磨，丝丝入扣，榫合无缝，不逊于木构。巽峰塔从基本形制，到工艺做法，无一不体现出其独到匠心。砖塔采用米字形交错砌筑的方法，层层叠压，异常坚固。七层八向均开塔窗，似莲台盛开，亦使各处美景，皆能尽收眼底。

塔刹内置天宫，立菩萨，设五供。其铁刹分件扣合紧密，中立刹柱，隔以石盘，穿以铁条，设计极为精巧。巽峰塔经受了数百年风、雨、雷、震等天灾及火灾、战乱的破坏性考验，历尽沧桑却依然巍然屹立。据史料记载，自巽峰塔建成后，徽州地区共发生三次较大地震，分别为明嘉靖三十九年（1560 年），清康熙七年（1668 年）、乾隆二十二年（1757 年），而巽峰塔塔基依然稳固，塔体倾斜度较小，结构未有变形，可见其牢固程度。

第四节
社会价值

巽峰塔与乡土文化和民间信仰密不可分。塔作为一种历史和文化传承的载体，在徽州所具有的地位，并非少数人的意愿与力量所决定的。巽峰塔虽由汪道植发端兴建，但要达到建塔的预期效果还必须得到族人和村内大多数人的认同，所以塔的出现实际上是出于一种宗族与民俗传统直接而不自觉地把它的需求与价值、人民的愿望、梦想与情感转化为实物的形式，塔的出现强化并完善了人们对理想的生存环境的意象，进而起到了巩固传统的地方文化与观念的作用。

巽峰塔，在补阙潜口环境缺陷的同时，更是为了祈祷当地的学子能文运兴盛、通过科举取士获取功名与利禄，实现阶层跃迁，提高自我与家族的社会地位。巽峰塔兼有补地阙、兴文运、礼佛宗之功能，是研究古徽州宗教信仰及民间风俗的实物，在天人合一、地灵人杰的理想环境下，风水塔能够很好地满足人们的精神需求。巽峰塔从而成为被赋予实现人们现世理想的特殊建筑，也成为凝结宗族的物质载体。

第五节
文化价值

巽峰塔的功能性，是中国塔功能演变的缩影。塔最初的功能仅是佛教高僧的埋骨建筑，在传入中国之初并无风水意义，但经过长期的发展演变，塔成为一种具有强烈的中国民族性特征的传统建筑形式，并与中国古代风水理论相结合，形成了独具中国特色的风水塔。明清以来，特别是徽州地区，风水塔已成为风水文化的典型象征。它是借助佛塔来达到某种如登高览胜、补充风水、振兴文风等实用功能。巽峰塔集上述功能于一身，更有救济百姓、以工代赈的仁慈善念。

巽峰塔，保存至今已有近五百年的历史，因为其独特的建筑高度，在缺乏高层建筑的古代极易凸显出来，成为一个地方的标志性建筑，即便是在当今社会，也被当作潜口的标志，在当今文旅融合的背景下具有十分重要的地位。随着人们对精神文化需求的提升，巽峰塔作为这种新环境下的文化、建筑元素，将会扮演一个非常重要的角色。

巽峰塔，作为徽州重要的古代物质遗存之一，犹如一部史书，记述着那个时代政治、经济、文化的发展水平，它的价值不仅体现了当时的宗教思想、主要功用、民俗文化内涵、风水设计理念等，还在于它所承载的中国传统的精神文化，传承了一辈辈徽州人的精神信仰，早已成为一种具有非同凡响文化价值的纪念物，一种能够给人带来精神慰藉的文化符号。

第四章

巽峰塔现状勘察

第一节
勘察范围与对象

本次勘察对象为巽峰塔本体及台基，占地面积264平方米，其中塔体占地面积93.4平方米，塔高（含塔刹）39.9米。勘察范围为塔主体外东15米至岩潜公路，西、南、北各20米（图4-1）。

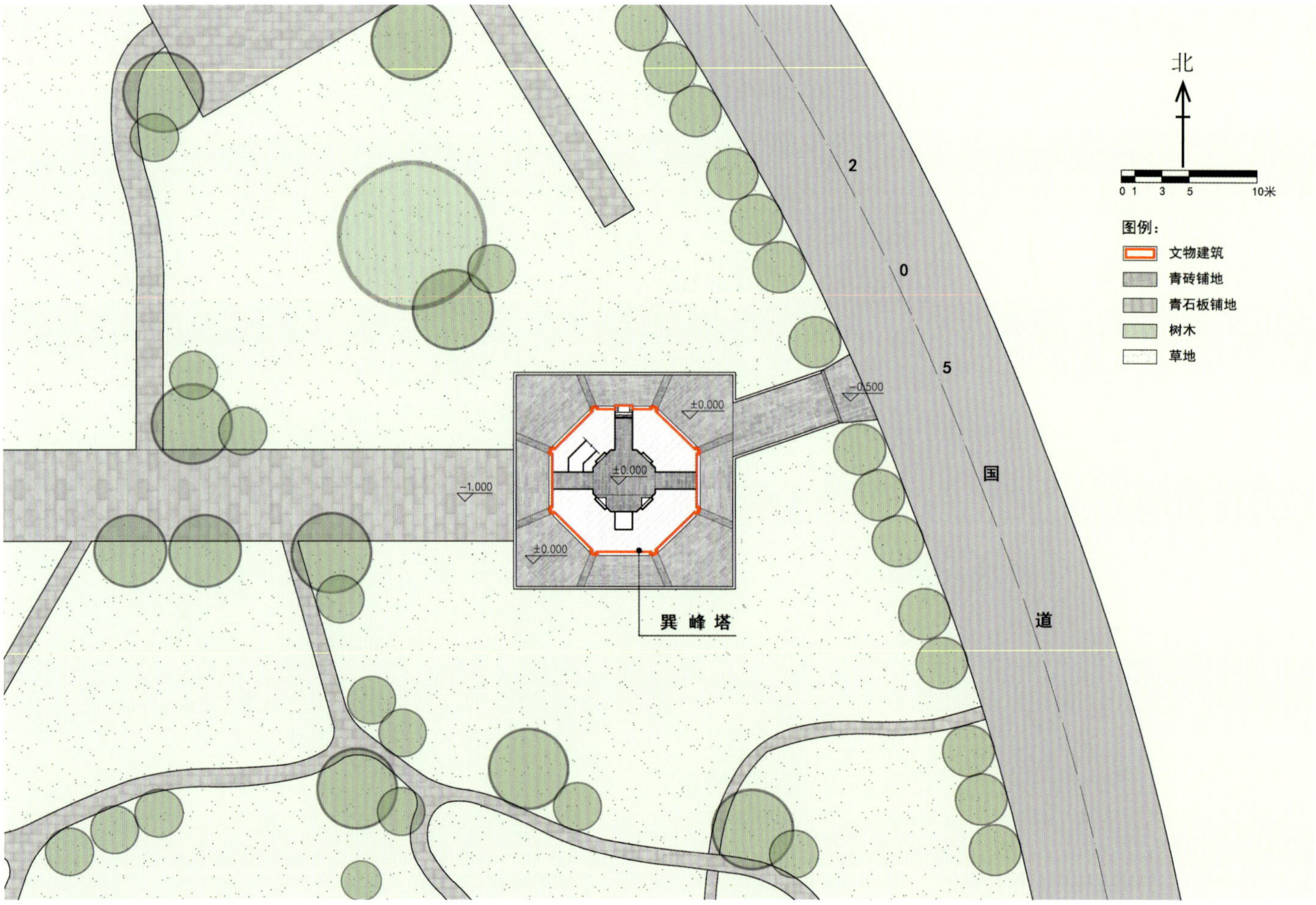

图4-1　巽峰塔总平面图

第二节
现状勘察

现只对塔体病害毁损严重部位做简要介绍，详细勘察见建筑残损记录表。

一、残损现状

1. 地面

各层塔室地面砖均有破损缺失。其中塔室一地面铺砖多数破损；塔室二地面砖破损缺失最为严重，穹顶裸露在外；其余两层塔室地面铺砖局部破损（图 4-2 ～图 4-5）。

图 4-2　一层塔室地面砖破损缺失

图 4-3　二层塔室地面砖破损缺失严重，穹顶裸露

图 4-4　五层塔室地面砖破损缺失

图 4-5　七层塔室地面砖破损

2. 塔身

经测量，塔体七层中心相对于一层中心向东偏移 13.2 厘米，向南偏移 6.7 厘米。计算得出塔体七层中心相对于一层中心向东南偏移 14.8 厘米，塔体倾斜度为 0.46%，根据测量结果判定塔体倾斜度较小。

塔身外壁抹灰脱落约 80%，砖砌倚柱破损，部分塔砖酥碱、破损（图 4-6、图 4-7）。其中主要病害有：二至四层西面外壁大面积崩塌，崩塌面凹陷较深，裸露出塔体内泥灰浆散砌的砌体（图 4-8）；二层东面窗洞处塔壁出现裂缝（图 4-9）；部分砖制构件破损、缺失。

图 4-6 一层砖砌倚柱破损

图 4-7 一层塔壁砖酥碱、脱落

图 4-8　二至四层塔壁砖崩塌

图 4-9　二层东面窗洞处塔壁出现裂缝

3. 塔室

塔室内壁墙面抹灰层保存较完整，局部脱落，人为涂鸦较多。

一层塔室南面神龛供台损毁，墙体人为掏挖破坏（图 4-10）。

二层塔室南面神龛供台损毁（图 4-11）。

五层塔室北面神龛供台损毁（图 4-12）。

图 4-10　一层塔室南面神龛供台损毁，墙体人为掏挖破坏

图 4-11　二层塔室南面神龛供台损毁

图 4-12　五层塔室北面神龛供台损毁

4. 塔梯

塔梯踏步砖破损缺失较严重，一层塔梯平台至二层塔室段踏步损毁不存。二层神龛后通往上层踏步损毁不存，其余各层塔梯均有不同程度的破损（图 4-13、图 4-14）。

图 4-13　塔梯踏步砖破损缺失

图 4-14　塔梯踏步砖破损缺失

5. 塔刹

刹座砌体存在破损、缺失，塔刹整体有小幅倾斜。覆盆等铸铁构件表面锈蚀。刹柱及木楔糟朽，内部支撑铁件锈蚀（图 4-15 ～图 4-18）。

图 4-15　塔刹铸铁件（覆盆）表面锈蚀

图 4-16　塔刹铸铁件（覆钵）表面锈蚀

图 4-17　塔刹铸铁件（鼓墩）表面锈蚀

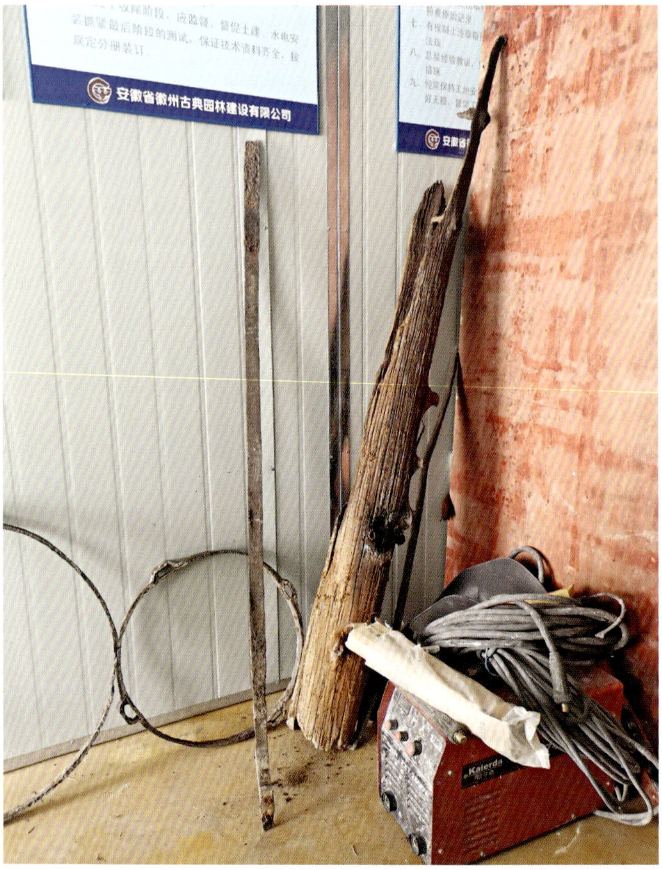

图 4-18　刹柱糟朽

6. 塔檐

各层腰檐、塔顶草木丛生，瓦面及座灰均损毁不存。叠涩砖破损、缺失严重（图 4-19、图 4-20）。

图 4-19　各层腰檐瓦面损毁不存，叠涩砖破损、缺失严重，草木丛生

图 4-20　塔顶瓦面损毁不存，砖砌体外露，草木丛生

二、建筑残损记录

巽峰塔各层残损情况记录如下（表 4-1 ～表 4-8）。

表 4-1 巽峰塔一层残损记录表

序号	部位名称	修缮前残损状况	残损原因
1	塔身外壁	抹灰层 40% 剥裂脱落，塔砖外露	风雨侵蚀冲刷致使黏结灰浆掏空
		东立面转角倚柱下端损毁高 1800 毫米，底部红砂石柱础风化断裂。 东南立面塔砖残缺约 1 平方米，深 200 毫米，芯砖外露；转角处倚柱下端损毁高 1650 毫米，底部红砂石柱础表面风化。 南立面塔砖残缺约 1 平方米，深 200 毫米，芯砖外露；转角倚柱下端损毁高 1850 毫米。 西南立面塔砖残缺约 1 平方米，深 200 毫米，芯砖外露；转角倚柱下端损毁高 3250 毫米。 西北立面塔砖残缺约 1 平方米，深 200 毫米，芯砖外露。 东北立面倚柱下端残缺高 350 毫米	雨水冲刷，自然风化侵蚀，人为破坏
2	塔室内壁	南面神龛供台缺损高 600 毫米，西南、西北两侧石匾不存，内壁人为掏挖，损毁 3 平方米，挖空深度 1400 毫米 西北、东北两面石匾不存，砌砖外露，东北面内壁下部人为掏挖，损毁 0.5 平方米，挖空深度 1650 毫米	人为破坏
3	腰檐	瓦面不存，植物入侵，杂树生长，砖砌叠涩层损毁 4 道，现存叠涩砖松动移位，转角处叠涩砖破损缺失约 20%	雨水侵蚀，植物根系生长的劈裂作用，上层腰檐损毁坍塌，下坠致使下层损毁
4	门窗洞	室内通往二层入口门洞砖砌封堵，入口 500 毫米 ×2260 毫米 ×65 毫米木门缺失 2 扇	人为破坏
5	塔梯	踏步青砖破损严重，缺失约 40%	年久失修、自然风化、人为破坏
6	室内地面	330 毫米 ×160 毫米 ×70 毫米青砖地面破损约 10 平方米，灰土垫层外露。 神龛前 300 毫米 ×150 毫米 ×70 毫米青砖地面破损约 2.5 平方米，灰土垫层外露	年久失修、人为破坏

表 4-2　巽峰塔二层残损记录表

序号	部位名称	修缮前残损状况	残损原因
1	塔身外壁	抹灰层 40% 剥裂脱落，塔砖外露	风雨侵蚀冲刷致使黏结灰浆掏空
		转角倚柱上砖制箍头共缺失 3 个。 东南立面倚柱下端损毁高 780 毫米。 西立面塔砖垮塌约 1.2 平方米，均深 400 毫米，芯砖外露	雨水冲刷，自然风化侵蚀，人为破坏，上层墙砖垮塌下坠砸击所致
2	塔室内壁	表面遍布涂鸦。 南面神龛损毁不存。 西面券门部位塔壁开裂，塔砖破碎断裂，裂缝最宽处 70 毫米	人为破坏、年久失修、风雨侵蚀、植物根系作用
3	腰檐	瓦面不存，植物入侵，杂树生长，砖砌叠涩层损毁 4 道，现存叠涩砖松动移位，转角处叠涩砖破损缺失约 20%	雨水侵蚀，植物根系生长的劈裂作用，上层腰檐损毁坍塌，下坠致使下层损毁
4	门窗洞	北面窗台砖破损缺失约 50%。 西面窗台砖破损缺失约 50%。 东面窗台砖破损缺失约 50%	雨水冲刷，自然风化侵蚀
5	塔梯	平台上至二层塔室台阶损毁不存。 神龛后通往上层台阶损毁不存。 二层至三层塔梯台阶青砖破损严重，缺失约 70%	年久失修、人为破坏
6	室内地面	330 毫米 ×160 毫米 ×70 毫米铺地青砖损毁约 70 平方米， 青砖及灰土垫层暴露，一层穹顶外露	年久失修、人为破坏

表 4-3　巽峰塔三层残损记录表

序号	部位名称	修缮前残损状况	残损原因
1	塔身外壁	抹灰层 40% 剥裂脱落，塔砖外露	风雨侵蚀冲刷致使黏结灰浆掏空
		转角倚柱上砖制箍头共缺失 2 个。 西立面塔砖垮塌约 1.5 平方米，均深 70 毫米，芯砖外露	自然风化侵蚀 上层墙砖垮塌下坠砸击所致
2	腰檐	瓦面不存，植物入侵，杂树生长，砖砌叠涩层损毁 4 道，现存叠涩砖松动移位，转角处叠涩砖破损缺失约 20%。 西面腰檐中部被上层下坠物砸毁严重	雨水侵蚀，植物根系生长的劈裂作用，上层腰檐损毁坍塌，下坠致使下层损毁
3	门窗洞	西面窗台碎砖地面毁约 3 平方米，灰土垫层外露	年久失修、人为破坏
4	塔梯	三层至四层塔梯台阶青砖有破损，缺失约 40%。 塔梯两侧墙面遍布涂鸦	年久失修、人为破坏

表 4-4 巽峰塔四层残损记录表

序号	部位名称	修缮前残损状况	残损原因
1	塔身外壁	抹灰层 40% 剥裂脱落，塔砖外露	风雨侵蚀冲刷致使黏结灰浆掏空
		转角倚柱上砖制箍头共缺失 6 个。 西立面倚柱损毁不存，塔砖垮塌约 5 平方米，均深 100 毫米，芯砖外露	自然风化侵蚀， 屋面渗漏，长期雨水侵蚀，加之植物根系膨胀导致塔身开裂，终致墙面砌砖垮塌
2	腰檐	瓦面不存，植物入侵，杂树生长，砖砌叠涩层损毁 5 道，现存叠涩砖松动移位，转角处叠涩砖破损缺失约 20%	雨水侵蚀，植物根系生长的劈裂作用
3	塔梯	四层至五层塔梯台阶青砖破损严重，缺失约 70%。 塔梯两侧墙面遍布涂鸦	年久失修、人为破坏

表 4-5 巽峰塔五层残损记录表

序号	部位名称	修缮前残损状况	残损原因
1	塔身外壁	抹灰层 40% 剥裂脱落，塔砖外露	风雨侵蚀冲刷致使黏结灰浆掏空
		转角倚柱上砖制箍头共缺失 4 个	雨水冲刷，自然风化侵蚀，人为破坏
2	塔室内壁	塔室北面神龛供台损毁不存。 表面遍布涂鸦	年久失修、人为破坏
3	腰檐	瓦面不存，植物入侵，杂树生长，砖砌叠涩层损毁 4 道，现存叠涩砖松动移位，转角处叠涩砖破损缺失约 20%	雨水侵蚀，植物根系生长的劈裂作用
4	塔梯	塔梯台阶青砖破损严重，缺失约 70%。 塔梯两侧墙面遍布涂鸦	年久失修、人为破坏
5	室内地面	塔室碎砖地面损毁约 2 平方米，灰土垫层外露	年久失修、人为破坏

表 4-6 巽峰塔六层残损记录表

序号	部位名称	修缮前残损状况	残损原因
1	塔身外壁	抹灰层 60% 剥裂脱落，塔砖外露	风雨侵蚀冲刷致使黏结灰浆掏空
2	腰檐	瓦面不存，植物入侵，杂树生长，砖砌叠涩层损毁 4 道，现存叠涩砖松动移位，转角处叠涩砖破损缺失约 20%	雨水侵蚀，植物根系生长的劈裂作用
3	塔梯	塔梯台阶青砖破损严重，缺失约 70% 塔梯两侧墙面遍布涂鸦	年久失修、人为破坏

表 4-7　巽峰塔七层残损记录表

序号	部位名称	修缮前残损状况	残损原因
1	塔身外壁	抹灰层全部剥裂脱落，塔砖外露	风雨侵蚀冲刷致使黏结灰浆掏空
2	塔室内壁	表面遍布涂鸦	年久失修、人为破坏
3	塔檐	瓦面不存，植物入侵，杂树生长，砖砌叠涩层损毁 4 道，现存叠涩砖松动移位，转角处叠涩砖破损缺失约 20%	雨水侵蚀，植物根系生长的劈裂作用
4	室内地面	塔室 330 毫米 × 160 毫米 × 70 毫米青砖地面损毁约 12.5 平方米，碎砖及灰土垫层外露	年久失修、人为破坏

表 4-8　巽峰塔塔顶残损记录表

序号	部位名称	修缮前残损状况	残损原因
1	塔刹	塔刹覆盆铸铁件残破	雷击损害及雨水侵蚀
2	砖砌体	瓦面无存，植物入侵，杂树生长茂盛，砖砌垫层外露破损，砌砖缺失约 20%。 塔刹底部砖砌刹基破损严重，抹灰剥落，砌筑青砖缺失约 30%	自然风化，雨水侵蚀，植物根系生长的劈裂作用

第三节
残损原因分析

巽峰塔自嘉靖年间建成至今已近五百年，因年代久远，受自然、人为因素的影响很大。

据现场勘察，塔身破损最严重的地方在西立面，第四层塔身外壁已大部分垮塌。主要原因是雨水渗漏致使黏结灰浆酥粉分解掏空，塔砖松脱外倾，出现裂缝，终导致塔砖断裂整体垮塌，四层塔壁的坍塌下坠，将二层与三层的腰檐砸毁。塔檐损坏，雨水渗透、侵蚀使结构松动，导致二层券门处塔身外壁出现较大的竖向裂缝，有垮塌的危险，存在安全隐患。

塔顶及各层腰檐原有的瓦屋面损毁，导致砖砌体暴露在雨水浸润和烈日暴晒中，雨水的逐渐侵蚀和砖砌体的干湿变化，致使砌体黏结灰浆不断分解老化，结构日渐松散。由飞鸟粪便所带来的植物种子在砌体缝隙中生长，其根系在塔身砌体中延伸，而雨水顺植物根系下渗及植物根系生长的胀裂作用，形成裂缝并延展扩大，对塔身造成危害。

由于人为掏挖，一层塔室内壁、地面铺砖及二层地面铺砖出现多处挖掘孔洞，穹顶裸露，对塔体结构安全产生较大影响。

第四节
勘察结论

经勘察，巽峰塔自始建以来，未见大修记录，现存塔体基本保存初建时的原貌。其存在的主要问题为局部外壁大部分垮塌，一层塔室内壁掏挖致使砌体断面缩小，容易引起内力应变；塔顶草木丛生，根系发育致塔顶砌体胀裂；刹座砌体破损，塔刹略倾；各层腰檐屋面损坏，雨水渗透；塔梯多处破损，不便登塔；各层地面不同程度破损；台基地面铺装及散水破损。综上所述，巽峰塔主体保存一般，存在一定的安全隐患，应根据现存残损状况进行全面修缮。台基地面铺装及散水应整体修缮，解决场地排水及雨水反溅问题。

第五章

巽峰塔修缮设计

第一节 修缮依据

1. 有关法律法规

（1）《中华人民共和国文物保护法》；
（2）《中华人民共和国文物保护法实施条例》；
（3）《文物保护工程管理办法》；
（4）《安徽省文物保护条例》。

2. 有关规范标准

（1）《中国文物古迹保护准则》；
（2）《古建筑砖石结构维修与加固技术规范》（GB/T39056-2020）；
（3）《古建筑修建工程质量检验评定标准·南方地区》（CJJ70-96）；
（4）《文物保护工程设计文件编制深度要求（试行）》（2013）；
（5）国家现行的国家标准和技术规范。

3. 有关文件和资料

《巽峰塔现状勘测报告》。

第二节 修缮原则

对文物保护单位的修缮保护工程，主要是消除该建筑目前存在的安全隐患以及复原局部人为拆改较大的部位，真实、全面的保存并延续其历史信息和价值，通过一定的技术和管理措施，修缮因自然和人为造成的损坏，维修该文化遗产的真实性和完整性。

（1）坚持“不改变原状、真实性、完整性”的文物修缮原则，尽量保存原有构件，保留原形制、原结构、原材料、原工艺。

（2）可逆原则。维修中所采取的加固措施与使用的材料应尽可能做到容易拆除，不破坏原结构与构件，不影响后续维修保护措施的实施。

（3）“最低限度干预”原则。维修工程中应遵循“最小干预”和“最大限度的保留历史信息”的原则，以消除文物建筑安全隐患，维护遗产的真实性和完整性为目的，严格控制工程量，尽可能保留保存状态好的原构件，避免对文物建筑造成过大干扰。

（4）“可识别”原则。对维修工程中修补和更换的构件，可采用模印、墨书等方法做出标识。

第三节
指导思想

（1）本修缮设计须严格依据《古建筑砖石结构维修与加固技术规范》（GB/T39056-2020）；“在维修古建筑时，应保持以下内容：一、原来的建筑形制，包括原来建筑的平面布局、造型、法式特征和艺术风格等；二、原来的建筑结构；三、原来的建筑材料；四、原来的工艺技术”的规定，采取若干技术措施，修缮自然力和人为造成的损伤，制止新的破坏。

（2）本修缮设计严格依据《中华人民共和国文物保护法》”对不可移动文物进行修缮、保养、迁移，必须遵守不改变文物原状的原则”和《中国文物古迹保护准则》的相关规定，多方采访和科学论证，仔细鉴别文物建筑原状，确定必须保存现状和可以恢复原状的对象，区别处理。

（3）对于必须保存现状的对象，主要使用日常保养和环境治理的手段，局部可使用防护加固和原状整修手段，但应尽可能减少干预，所采用的保护措施应以延续现状、缓解损伤和维持结构稳定为主要目标，不能对其造成新的损伤。

（4）对于可以恢复原状的对象，现存残损采取重点修复手段，部分已失去的原状可以实施适当修复。修缮设计必须严肃对待现状中保留的历史信息，必须掌握充分实物依据，必须保留和体现文物建筑的形制、结构、材料和工艺技术的地域特征、时代风格和独特个性。

（5）正确把握审美标准，文物建筑的审美价值主要表现为它的历史真实性，必须尽可能保留各个时期有价值的遗存，最大限度保存原构件和工艺，不必追求风格、式样一致，特别是不允许以追求完整、华丽而改变附属于建筑的艺术品的现存状态。

第四节
工程性质

根据《中华人民共和国文物保护法》《文物保护工程管理办法》等相关规定，结合巽峰塔现状勘察评估结论；本次工程性质为“修缮工程”，“应为保护文物本体所必需的修理、修补和补强加固等作业的工程，也应包括结合结构加固而进行的局部复原工程”。

第五节
修缮内容

施工中采用传统工艺，施工过程依据文物修缮的“四原”原则，即保存原有工艺、形制、材料、结构，保存建筑原有的建筑风貌。在巽峰塔现状勘测中发现的主要问题有如下几点：塔顶及腰檐杂树生长，腰檐叠涩砖层破损缺失严重，瓦面损毁不存；西面塔身外壁垮塌，致使下方腰檐被砸毁，塔壁开裂，影响结构安全。因此，维修方案以现状修缮为主，保存原始构件，保存原形制做法，局部有根据的进行补砌、复原，尽量保存古塔健康的状态及沧桑的感觉。

第六节
修缮措施

1. 地面

修复室内破损的青砖地面，缺失的灰土垫层和青砖垫层订制同规格同材质青砖补齐。

2. 塔身

塔身外壁做清洗，抹灰层脱落墙面保持现状，外露塔砖酥碱严重的予以剔除，嵌补同规格青砖；灰缝剥落处，用桐油灰膏勾抹补匀，加强防水性；对西侧三、四层塔壁垮塌部位进行清理，剔除残砖、断砖，订制同规格青砖按原砌筑方式补砌，并与塔身砌体结构做可靠拉结；由于西侧二层塔壁开裂严重，裂缝较大，塔砖断裂，已影响塔体安全，故此部分塔砖须拆除重砌，并与塔身砌体结构做可靠拉结。清除塔室内壁表面涂鸦。

松动的塔砖归位后以石灰砂浆砌筑固定，缺失的塔砖以原工艺原规格订制镶补，对已酥碱失去强度的塔砖进行剔补。

3. 塔室

一层南面神龛供台使用订制砖按现状补砌完整，二层南面损毁神龛按照一层形制修复，五层神龛现状保留。残破及人为破坏的窗台订制同规格同材质青砖以石灰砂浆补砌。

4. 塔梯

破损缺失的塔梯踏步订制同规格同材质青砖按原砌筑方式补砌。

5. 塔刹

塔刹拆卸、清理，修补锈蚀残缺部位，重砌刹座，更换刹柱及内部支撑铁件后归安。

6. 塔檐

整修各层叠涩砖，清除杂生植物，松动叠涩砖拆除重砌。同规格同材质以原工艺修复损毁缺失的砖层，并修复瓦面。

将现存杂生植物外露部分锯断，在其断面滴注除草剂，除草剂的选用参照《GB/T39056-2020 古建筑砖石结构维修与加固技术规范》表 5.4.4。

以上各部位修缮措施详见表 5-1 ～表 5-8：

表 5-1　巽峰塔一层修缮措施一览表

序号	部位名称	修缮项目及做法
1	塔身外壁	残存抹灰层按现状保留，裸露塔砖用白灰膏重新勾缝
		东立面转角倚柱损毁部分订制同规格青砖，按原砌筑方式补砌 1800 毫米高，桐油灰膏勾抹表面新砌砖缝；底部红砂石柱础按现状保留。 东南立面残缺的塔砖，应订制同规格青砖，按原砌筑方式补砌 1 平方米，200 毫米深，白灰膏勾抹表面新砌砖缝；转角处倚柱损毁部分订制同规格青砖，按原砌筑方式补砌 1650 毫米高，桐油灰膏勾抹表面新砌砖缝；底部红砂石柱础按现状保留。 南立面残缺的塔砖，应订制同规格青砖，按原砌筑方式补砌 1 平方米，200 毫米深，白灰膏勾抹表面新砌砖缝；转角处倚柱损毁部分订制同规格青砖，按原砌筑方式补砌 1850 毫米高，桐油灰膏勾抹表面新砌砖缝。 西南立面残缺的塔砖，应订制同规格青砖，按原砌筑方式补砌 1 平方米，深 200 毫米，白灰膏勾抹表面新砌砖缝；转角处倚柱损毁部分订制同规格青砖，按原砌筑方式补砌 3250 毫米高，桐油灰膏勾抹表面新砌砖缝。 西北立面残缺的塔砖，应订制同规格青砖，按原砌筑方式补砌 1 平方米，深 200 毫米，桐油灰膏勾抹表面新砌砖缝。 东北立面倚柱损毁部分订制同规格青砖，按原砌筑方式补砌 350 毫米高，桐油灰膏勾抹表面新砌砖缝
2	塔室内壁	清除塔室内壁表面涂鸦。 南面神龛供台订制同规格青砖按现状补砌。 对西南、西北两侧内壁掏挖损毁部分，订制同规格青砖以原砌筑方式补砌 3 平方米、1400 毫米深，并抹灰做旧。 东北面内壁下部掏挖损毁部分，订制同规格青砖以原砌筑方式补砌 0.5 平方米大小、1650 毫米深，并抹灰做旧
3	腰檐	专用除草剂清理杂生植物； 整修现存叠涩砖层，松动砖层须拆卸重砌，使其牢固，损毁缺失的砖层订制同规格青砖以原工艺砌筑恢复，并修复筒瓦屋面
4	门窗洞	拆除室内通往二层入口门洞封堵砌砖，恢复入口通行功能； 入口 500 毫米 ×2260 毫米 ×65 毫米木门添配 2 扇
5	塔梯	破损缺失的塔梯台阶订制同规格同材质青砖按原砌筑方式补砌。 清除塔梯两侧墙面涂鸦
6	室内地面	整修室内破损的青砖地面，平整灰土垫层，破损缺失的青砖订制同规格同材质青砖补齐

表 5-2 巽峰塔二层修缮措施一览表

序号	部位名称	修缮项目及做法
1	塔身外壁	残存抹灰层按现状保留，裸露塔砖用桐油灰膏重新勾缝
		转角倚柱上砖制箍头订制添配 3 个。 东南立面倚柱损毁部分订制同规格青砖，按原砌筑方式补砌 780 毫米高，桐油灰膏勾抹表面新砌砖缝。 西立面塔砖垮塌部位订制同规格青砖按原砌筑方式剔补 1.2 平方米，并与塔身砌体结构做可靠拉结，桐油灰膏勾抹表面新砌砖缝
2	塔室内壁	清除塔室内壁表面涂鸦。 南面神龛参照一层神龛形制修复。 西面塔壁开裂，塔砖断裂，须拆卸松动塔砖，剔除断砖、碎砖，重新补砌墙体，并与塔身砌体结构做可靠拉结
3	腰檐	专用除草剂清理杂生植物； 整修现存叠涩砖层，松动砖层须拆卸重砌，使其牢固，损毁缺失的砖层订制同规格青砖以原工艺砌筑恢复，并修复筒瓦屋面
4	门窗洞	残破及人为破坏的窗台订制同规格同材质青砖以石灰砂浆补砌
5	塔梯	破损缺失的塔梯台阶订制同规格同材质青砖按原砌筑方式砌筑。 清除塔梯两侧墙面涂鸦
6	室内地面	修复室内 330 毫米 ×160 毫米 ×70 毫米青砖地面 70 平方米及青砖垫层

表 5-3 巽峰塔三层修缮措施一览表

序号	部位名称	修缮项目及做法
1	塔身外壁	残存抹灰层按现状保留，裸露塔砖用桐油灰膏重新勾缝
		转角倚柱上砖制箍头订制添配 2 个。 西立面塔砖垮塌部位订制同规格青砖按原砌筑方式剔补 1.5 平方米，并与塔身砌体结构做可靠拉结，桐油灰膏勾抹表面新砌砖缝
2	腰檐	专用除草剂清理杂生植物； 整修现存叠涩砖层，松动砖层须拆卸重砌，使其牢固，损毁缺失的砖层订制同规格青砖以原工艺砌筑恢复，并修复筒瓦屋面。 西面被砸毁腰檐订制同规格青砖补砌恢复，并与塔身砌体结构做可靠拉结
3	门窗洞	修复西面窗台破损的砖地面 3 平方米
4	塔梯	破损缺失的塔梯台阶订制同规格同材质青砖按原砌筑方式砌筑。 清除塔梯两侧墙面涂鸦

表 5-4　巽峰塔四层修缮措施一览表

序号	部位名称	修缮项目及做法
1	塔身外壁	残存抹灰层按现状保留，裸露塔砖用桐油灰膏重新勾缝
		转角倚柱上砖制箍头订制添配 6 个。 修复西立面倚柱。 西立面塔砖垮塌部位订制同规格青砖按原砌筑方式剔补 5 平方米，并与塔身砌体结构做可靠拉结，桐油灰膏勾抹表面新砌砖缝
2	腰檐	专用除草剂清理杂生植物； 整修现存叠涩砖层，松动砖层须拆卸重砌，使其牢固，损毁缺失的砖层订制同规格青砖以原工艺砌筑恢复，并修复筒瓦屋面
3	塔梯	破损缺失的塔梯台阶订制同规格同材质青砖按原砌筑方式砌筑。 清除塔梯两侧墙面涂鸦

表 5-5　巽峰塔五层修缮措施一览表

序号	部位名称	修缮项目及做法
1	塔身外壁	残存抹灰层按现状保留，裸露塔砖用桐油灰膏重新勾缝
		转角倚柱上砖制箍头订制添配 4 个
2	塔室内壁	塔室北面神龛供台按现状保存。 清除塔室内壁表面涂鸦
3	腰檐	专用除草剂清理杂生植物； 整修现存叠涩砖层，松动砖层须拆卸重砌，使其牢固，损毁缺失的砖层订制同规格青砖以原工艺砌筑恢复，并修复筒瓦屋面
4	塔梯	破损缺失的塔梯踏步订制同规格同材质青砖按原砌筑方式砌筑。 清除塔梯两侧墙面涂鸦
5	室内地面	整修室内碎砖地面，平整灰土垫层，缺失的碎砖选用同材质补配

表 5-6　巽峰塔六层修缮措施一览表

序号	部位名称	修缮项目及做法
1	塔身外壁	残存抹灰层按现状保留，裸露塔砖用桐油灰膏重新勾缝
2	腰檐	专用除草剂清理杂生植物； 整修现存叠涩砖层，松动砖层须拆卸重砌，使其牢固，损毁缺失的砖层订制同规格青砖以原工艺砌筑恢复，并修复筒瓦屋面
3	塔梯	破损缺失的塔梯踏步订制同规格同材质青砖按原砌筑方式砌筑 清除塔梯两侧墙面涂鸦

表 5-7 巽峰塔七层修缮措施一览表

序号	部位名称	修缮项目及做法
1	塔身外壁	裸露塔砖用桐油灰膏重新勾缝
2	塔室内壁	清除塔室内壁表面涂鸦
3	塔檐	专用除草剂清理杂生植物； 整修现存叠涩砖层，松动砖层须拆卸重砌，使其牢固，损毁缺失的砖层订制同规格青砖以原工艺砌筑恢复
4	室内地面	修复室内 330 毫米 ×160 毫米 ×70 毫米青砖地面 12.5 平方米

表 5-8 巽峰塔塔顶修缮措施一览表

序号	部位名称	修缮项目及做法
1	塔刹	塔刹拆卸、清理，重砌刹座，更换刹柱及内部支撑铁件后归安
2	砖刹座	整修塔顶砖砌刹座，松动的青砖拆卸，以石灰砂浆重新砌筑固定，缺失的订制同规格青砖按原砌筑方式补砌，并修复筒瓦屋面。 塔刹砖刹基整修，订制同规格青砖按现状补齐，修复表面抹灰层

第六章

巽峰塔修缮工程施工

第一节
修缮工程目标

作为不可移动文物，巽峰塔修缮工程的目标是最大限度地保留其历史价值、艺术价值、科学价值、社会价值和文化价值，遵循“不改变文物原状”的基本原则，坚持“原材料、原工艺、原形制、原做法”，合理采用现代工艺，清除文物存在的各种隐患，整改近现代不当的人为影响，保持文物的原真性，充分展示巽峰塔健康、原汁原味的历史风貌，并使文物建筑承载的历史、人文、艺术、工艺等非物质文化遗产得以良好传承。为此，需要制定以下分项目标。

1. 安全目标

（1）文物建筑工程的安全目标：施工过程中严格执行事先制定的防护措施，杜绝在施工中对文物建筑造成破坏。

（2）施工工作人员的安全目标：杜绝重大工伤事故，实现“五无”（即无重伤、无死亡、无倒塌、无中毒、无火灾）。

2. 修缮目标

（1）保护巽峰塔文物建筑价值，忠实地保存和传承其明代砖塔所特有的结构特征、建筑风格、营造技艺、历史信息及文化价值。

（2）综合治理，标本兼顾，全面修缮，立足于彻底排除存在于建筑内的各类结构隐患。

（3）整治优化巽峰塔外围环境，营造更加有利于文物安全、更加协调美观的“风水”意境。

3. 质量目标

工程施工方法和技术标准均应符合方案设计、传统技法的要求，施工质量达到合格验收标准。

第二节
修缮工程分期

为方便施工管理，保证施工质量，巽峰塔修缮工程将施工时段分为两期进行，内容如下：

一期施工从 2019 年 9 月开始，历时 5 个半月，完成了巽峰塔文物本体的修缮工作，工程内容包括：

- 搭设脚手架；
- 清除塔顶及腰身的杂草树木；
- 拆卸、修补、组装塔刹构件；
- 更换塔顶纴木、刹柱、重砌刹座刹基；
- 修补毁失的塔顶、腰檐；
- 恢复瓦脊、瓦面；
- 修补崩塌塔壁、残损倚柱和缺损塔砖；
- 修补残损塔梯级和防滑石；
- 整修塔内地面铺墁地砖；
- 整修塔内壁、龛台；
- 清除塔内墙面涂鸦与刻划。

2020 年 5 月份开始第二期施工，工期 2 个月，完成工程内容包括：

- 拆除原直通公路的通道；
- 整修塔基台毛石挡墙；
- 完成石板地面铺装及散水工程；
- 增设花岗岩石凳、石阶和砖铺通道；
- 沿塔基填土植草，塔台外围种植绿篱。

第三节
修缮工程前期准备和施工顺序

一、工程前期准备

1. 组织准备

成立巽峰塔修缮工程项目部，组建由项目经理、项目技术负责人组成的领导团队，配备满足工程需要的各专业工种的班长，建立健全岗位责任制及分项工程责任人制度。对施工场地进行规划，做好临时设施建设，达到“三通一平”的施工要求。

2. 技术准备

首先，进行图纸会审及技术交底。为使施工单位全面掌握设计文件的设计意图、施工要求、质量目标等，由建设单位召集设计单位及施工单位进行图纸会审及技术交底，就疑难问题进行深入探讨，深刻领会设计方案要求和专家指导意见（图 6-1）。

图 6-1　技术会议

其次，施工单位在脚手架搭设完毕、塔体初步清理后再次对文物建筑进行现场勘察，明确修缮要求与施工范围，对各文物建筑的残损情况进行详细登记，确定修缮措施及工程做法，查询相关技术资料（图 6-2、图 6-3）。对建筑各处构造、各个节点在修缮前作全面的影像及图片资料记录，为在修缮过程中保持文物建筑原状提供详细的实物资料。

3. 材料备料

巽峰塔历史悠久，传统砖瓦材料需要订制。在施工前落实订制单位，确保构件的材质和形状满足原形制的要求。其他常规材料按照施工预算中的工料分析，编制工程所需的材料用量计划，做好材料的申请、订货和采购工作，使计划得到落实；组织材料按计划进场，并做好保管工作。

图 6-2　专家调研指导

图6-3　专家调研指导

二、工程施工顺序

（一）搭设脚手架与工地围挡

1. 脚手架工程

巽峰塔是古代高耸建筑，在实施修缮工程之前，项目部严格按现有施工规范和安全操作规程，编制了脚手架专项搭设方案，通过了监理单位及总监的验收。

整个脚手架采用钢管扣件式，围合塔壁双排立竿搭设，每面距塔身50厘米以上，直至塔顶，既满足了巽峰塔修缮施工全过程的操作空间，又做到安全、实用，不会对文物本体产生损害。为方便材料运输和人员通行，还在塔西边搭设了垂直升降的井架，在北侧的架内搭设了供人上下的安全爬梯。脚手架满挂密目式安全网，安全网采用1.8米 ×6米规格（图6-4）。

注意事项：支搭前需在准确的定位线上先垫板，垫板必须铺放平稳，不得悬空。外脚手架每一层支搭完毕，经项目部安全员验收合格后方可使用。任何人未经同意不得拆除脚手架部件；严格控制施工荷载，脚手板不得集中堆料施荷；施工时不允许多层同时作业；定期检查脚手架，如发现问题和隐患，在施工作业前，及时维修加固，确保施工安全。

图6-4 搭设脚手架

图 6-5　搭建围挡

2. 搭建围挡

巽峰塔所在地潜口村是黄山市的一处重要旅游集散地，每天参观旅游的人流量较大。在既不影响游人参观活动，又保证工程施工安全的前提下，对工地周边进行规范围护，安装绿草纹理的彩钢围挡，高度 2.2 米，必要的施工告知，贴设非施工人员不得入内、进入施工现场必须佩戴安全帽等标识标语，保证施工中文物、人员双安全，取得社会各界对本工程的支持和理解（图 6-5）。

图 6-6　拆除亮化灯

（二）清除杂草树木

巽峰塔塔顶、腰檐草木茂盛，木本、藤本、草本植物均有，种类多样，其中木本植物就有黄连木、金叶女贞、柏树、榆树、棕榈等十余种。大型乔木树干直径达 40 厘米，树高达 5 米。这些植物根系深入塔体，盘根错节，深邃坚实，根系的膨胀作用导致塔顶和腰檐砖砌体松动变形，瓦面全失，存在严重的结构隐患。

本次修缮对塔体上的杂草树木采取了以下方式处理（图 6-6、图 6-7）：

（1）清理排除已枯萎的杂草树木及散脱的砖头、灰块；

（2）分段砍去活体植物的枝干，清理下运；

（3）用手锯、钢钎、铲、锤等小型工具小心地挖出树木主根，尽量不扰动尚稳固的塔砖；

（4）清除杂草、树木须根、碎砖及灰块浮尘后，喷淋农药环嗪酮灭活，防止再生。具体做法：首先人工清除主根系，拆卸被根系扰动的砖块，按 1‰浓度配制环嗪酮水剂喷灌。喷灌一遍待药剂被砌体吸收尚未全干时，即再行喷施，共喷灌三遍，确保药剂渗透深入。

图 6-7　清除杂草树木

（三）塔刹拆卸

巽峰塔的塔刹为铸铁制安，共5.35米高，总重量约8吨（含内部填充物），塔刹由刹基、覆钵、宝珠三个大部分组成，但此处为了叙述方便和安装步骤清晰，将塔刹细分为覆盆、覆钵、鼓礅、仰盘、宝珠5个部分。为确保塔刹安全下卸和安全归位，特制定了专项拆卸方案，由技术员负责，成立临时小组，分工定人，分别负责指挥、拆除、包扎、起吊、登记、放置等一应事务，提前安排好构件临时保存点，并安排好落地保护工作。

（1）拆卸前，拆安人员先将塔刹构件编号、做好方向定位标记（图6-8）；

（2）在塔顶围绕塔刹搭设脚手架，便于工人靠近操作（图6-9）；

图6-8　定位标记

图6-9
围绕塔刹搭设脚手架

（3）由于工地的地坪至塔刹顶端高差达40余米，另外还必须预留约20米的吊装空间高度，故采用垂直起吊的方式拆装塔刹（图6-10）；

（4）拆卸时，按从上往下的顺序，用撬棍插入各组件缝隙中缓缓撬开，分离构件，垫入木楔，构件包扎后用吊带系牢，由专人指挥，起吊、下卸至预先设定好的放置点，覆盖防雨布，确保文物安全（图6-11）；

（5）拆卸塔刹时，在塔刹上端的第一层宝珠内发现天宫，内有铜质菩萨像、铜镜、香炉、花觚等文物，施工人员立即暂停拆卸，由在场全程监督的文物管理专业人员拍照、测绘、登记，做好原始记录后，将文物一一妥善包裹下运，第一时间送入文物库房保管（图6-12）。

图6-10 汽车吊垂直起吊

（四）纤木、刹柱制作

拆卸塔刹时，发现杉木刹柱已经糟朽，只残存一段朽烂木芯，但依据塔刹内中央的空洞和残存的木楔、灰膏等遗物，可以确定原刹柱的高度、直径以及固定方式。在清理塔顶砌体时发现，砌体内部原有纤木纵横排列，均已腐烂朽失（图6-13、图6-14）。根据拆卸过程发现的情况，2019年10月9日，建设单位召集设计、监理、施工单位，并邀请安徽省文物局领导和专家实地调研，专题研究，议定修缮意见。会后，由设计单位发出变更通知：重新砌筑刹座，更换纤木及刹柱。

采用与原刹柱同材质的杉木，按原尺寸、使用传统工具手工制作纤木7根，涂刷桐油二道，再涂刷环氧煤沥青防腐漆二遍（图6-15～图6-18）。纤木分三层安置：第一层为东西向2根，4800毫米×230毫米×170毫米，

图6-11 分件拆卸

图 6-12　天宫文物

图 6-13 刹柱朽烂

图 6-14 纴木朽烂

图 6-15 加工纴木

图 6-16 加工纴木

图 6-17 纴木涂刷桐油后待干燥

图 6-18　纤木涂刷环氧煤沥青防腐漆

间距 3100 毫米；第二层为南北向 2 根，4400 毫米 ×240 毫米 ×140 毫米，间距 1780 毫米；第三层东西向放置，为边侧 2 根 2880 毫米 ×220 毫米 ×180 毫米、正中 1 根 2460 毫米 ×260 毫米 ×140 毫米，三根纤木之间间距 700 毫米，其中位于正中的纤木凿出卯眼以备承托刹柱。

刹柱长 6000、直径 280 毫米，另加榫长 60 毫米，制作完成后，用浸渍胶黏结碳纤维布包裹二道加固（图 6-19、图 6-20）。

图 6-19　现场制作刹柱

（五）塔顶、刹基砌筑

塔顶、刹基砌砖依塔身原有的砖路延续，将纤木按原位放置，灰浆填实缝隙（图 6-21）。用条砖按原形制砌实，石灰浆黏结，使第三层中间的纤木卯眼处于该塔的中心位置。

纤木隐入后，用定制青砖和石灰砂浆砌筑塔顶刹基（图 6-22），在第三层纤木正中卯眼

图 6-20　碳纤维包裹刹柱

图 6-21　安放纴木

位置，垂直往上预留 300 毫米 ×300 毫米方形空穴以备安装刹柱，空穴与七层穹顶对中一致。刹座高为 620 毫米，其中四路砖的高度此后将被瓦面覆盖，上砌二路砖，周围冒出 70 毫米为披水。其上内收 70 毫米后，按圆形砌筑二路砖，此为承托塔刹的顶面。之后再内收 300 毫米砌筑一高 280 毫米直径渐收的平顶砖墩，此砖墩将被扣入塔刹覆盆，起到内部稳固之用。

图 6-22　砌筑刹基

图 6-23　圆盘石原位归安

（六）塔刹安装

塔刹构件的归位安装，依据拆卸时的编号、方位标记依序进行。

（1）安装覆盆。首先将直径 1400 毫米的圆盘石原位归安（图 6-23），然后将覆盆吊装就位，仔细校准，确保水平中正（图 6-24 ～图 6-26）。覆钵与刹座结合处如有缝隙用铸铁片垫实。然后用石灰砂浆灌入覆盆，填满覆盆与砖砌体之间的内部空隙（图 6-27）。

（2）安装覆钵。覆盆安妥后，在圆盘石之上用条砖砌高度 560 毫米砖墩，然后将覆钵吊装扣上，同样校准中位和水平，用铸铁片垫缝，石灰砂浆填实内空（图 6-28）。

（3）吊装刹柱。刹柱直立于塔顶，是塔刹的内部中柱，必须保证绝对垂直。覆钵安装稳固后，吊装刹柱（图 6-29），将塔柱竖

图 6-24　吊装覆盆

图 6-25　吊装覆盆

图 6-26　校准对中

图 6-27　石灰砂浆灌入覆盆

图 6-28　吊装覆钵

图 6-29　吊装塔刹

直插入预留的孔洞，缓缓下落，使刹柱下底的管脚榫进入纴木卯眼，用经纬仪校准垂直度（图6-30），石灰砂浆填实刹柱孔，然后用涂覆防腐沥青的木楔在覆钵上口的不同方位錾紧刹柱，使之稳固，用经纬仪结合吊线锤再度校准，确保刹柱垂直。

（4）安装宝瓶。宝瓶由鼓墩和仰盘两件组成，分别安装。鼓墩吊装后在其瓶口使用木楔錾紧刹柱（图6-31）。然后吊入夹柱石（图6-32）。

图 6-30　校准刹柱

图 6-31　吊装鼓墩

图 6-32 吊装仰盘

（5）安装宝珠。宝珠由四个分件组成，内有两个圆盘石和锻铁骨架，结构较为复杂。第一层带圆盘石一同吊装，下半吊起入位后，将四根按原样复制的锻铁条以铁箍定位，从直径 900 毫米的圆盘石孔洞中穿过固定好，做水平校正后，用木楔楔入石盘和刹柱之间的空档，同时校对刹柱的垂直度，再在石盘四周用砖块砌平砌实，形成与石盘一体的大圆平面，稳固地压在宝珠的内底之中（图 6-33 ～图 6-35）。

图 6-33　安装铸铁骨架

图 6-34　铸铁骨架防锈处理

图 6-35　安装宝珠

（6）文物归位。宝珠内为巽峰塔的天宫，文物部门将暂存在文物仓库的天宫文物重新取出，严格按原状归位（图 6-36）。此前，这批文物已采用高精度三维扫描方式数据化建模存档。

（7）安装刹顶。宝珠的最上部分呈圆锥形，铸铁骨架顺势内收，从第二道直径 850 毫米的圆盘石预留孔中穿过，撑住宝珠上口。此处的圆盘石不仅是稳固塔刹的结构件，还是宝珠天宫的石质盖口。校准刹柱中线，錾入木楔，用石灰浆封好盖口。

铸铁骨架穿过二道铁箍后内收，顶端下弯，四根铁骨立架相撞，抱住刹柱，形成稳固的内架。刹尖归位，整个塔刹成功吊装完成（图 6-37）。

（8）修补垫实。塔刹共有 8 个组件，每件之上都设企口，且视各刹件位置的不同，相接部位的构造各异，不仅能防雨水进入，还使上下构件相接平稳。由于长年经历风雨，构件口唇存在不少锈蚀残损部位。吊装时，每件分别用平水尺和水准仪校平，缝隙略大处用铸铁片垫实。上下

图 6-36 文物归位

图6-37　安装刹顶

刹件相接处都用桐油石灰掺铁黑粉调匀，经反复锤打后，拉成油灰条嵌入黏结，铸铁件表面残损孔洞也用油灰填补（图 6-38 ～图 6-40）。油灰既起到加固和密封的作用，又使接缝颜色与塔刹铸铁表面质感近似。

图 6-38　黑桐油灰膏

图 6-39　铸铁片垫缝

图 6-40　油灰填补

纤木、刹基砌体、覆盆覆钵内砌体和圆盘石，共同构筑了塔刹的稳固基座，管脚榫、预留孔位和木楔保证了刹柱的垂直，铸铁骨架为刹顶宝珠提供了弹性支撑，一座由砖、木、石、铁组合的原形制塔刹就这样稳固地矗立在巽峰塔的顶端（图 6-41）。

图 6-41　塔刹吊装完成

（七）腰檐、塔顶修缮

（1）订制砖瓦件。在清理腰檐和塔顶的过程中，发现有板瓦、戗脊托底砖、压脊砖等原件残留，专家现场鉴定后提出技术指导，经业主、监理同意，确定按遗存实物的规格订制板瓦和脊砖件，以保证修缮复原效果（图 6-42）。

（2）预制叠涩砖。叠涩砖尺寸与塔体砌筑用砖相同，均为 330 毫米 ×160 毫米 ×70 毫米，其一条长边需切磨加工成弧面（清代称“半混”），故新制条砖到工地验收后，即安排工人预先打磨制作，按原形制卡板验收（图 6-43）。

（3）巽峰塔的腰檐为叠涩式砖檐，檐口第一道为菱牙砖，第二道为叠涩砖，这样交叠多层，实现出檐。修缮施工时，对塔檐的缺失部位，先凿除塔檐折断的残砖，掏尽残渣，喷水润湿后用石灰浆作黏结，插入条砖斜砌，恢复菱牙原状。用同样方法横砌第二道叠涩砖，将缺失部分清理修补完成，与原进出尺度一致。对于菱牙叠涩之上的部分，先将残砖取出，原样修砌新砖。巽峰塔的塔檐有起翘和出翘，即横向生起和纵向举折，实现双向弧形效果。修补砌筑时，依据原塔檐砖路确定线条弧度，定位后依其线条排砌檐砖，恢复原形制效果（图 6-44）。

图 6-42　订制砖瓦件

图 6-43　预制叠涩砖

图 6-44 修补腰檐

（4）檐砖砌体修补完成后，用三合土找平（图 6-45、图 6-46），具体的做法是：将石灰、石子、清水沙、黄泥按 4 ∶ 3 ∶ 2 ∶ 1 的质量比加水搅拌和匀，干湿度达到手握成团、落地即散的程度即可。砖砌体浇水湿润后，将三合土均匀铺在砖檐顶面，用木板定制的模具控制弧度，用木拍夯打压实，使各层面举折一致，再用手提平板振动器振实出浆，满铺玻纤防裂网一层，用抹灰板反复抹压，将防裂网压入表面泥层，起到防裂作用。经过 20 多天的养护干燥后，刷桐油两遍，形成防水垫层。

（5）遵照 2019 年 10 月 6 日专家技术指导会议意见，根据在清理塔顶和腰檐时发现的遗存砖瓦件和瓦垄痕迹，设计单位补充设计了戗脊的材质、构造及做法。戗脊构件由托底砖、条砖、压脊砖三件组成，用条砖挖凿、切削、打磨定型，用石灰浆组砌（图 6-47、图 6-48）。

图 6-45　腰檐找平

图 6-46　刷桐油形成防水垫层

图 6-47 戗脊原构件

（6）铺瓦时，按原瓦垄痕迹，分中号垄、弹墨线，然后依墨线搭七露三铺设（图 6-49、图 6-50）。檐口使用沟头、花沿、滴水的传统做法。

图 6-48　加工戗脊构件

图 6-49　铺瓦

图 6-50　铺瓦

（7）塔顶修复。塔顶面举折四道，从上往下分别是：九举、七五举、五举、三五举。瓦面后尾与刹基相撞，戗脊后尾紧依披水之下。塔顶的垫层、戗脊、瓦面做法与腰檐一致（图6-51）。

（8）瓦面防水门。塔顶面层用三合土找平后，覆盖玻纤防裂网抹压入表层，待三合土基层干透，涂刷桐油两遍，形成防水膜。戗脊和瓦面铺砌完毕之后，用岩瓷透明防水修复剂在瓦面喷施三遍，使瓦面形成憎水效果，更好地排泄雨水，防止雨水下渗，延长塔体持久的年限（图6-52）。

（9）角檐斜撑的修复。巽峰塔二层以上腰檐和塔顶的角檐下、倚柱上端，均有砖制箍头，一层角檐下由素面斜拱、撑头和略作卷云素线雕刻纹饰的要头，重叠组合成斜撑。由于风雨侵蚀，这些箍头和斜撑存在不同程度的风化残缺。修缮时依照原构件尺寸图形，在磨好的条砖上过画，琢凿后打磨，用卡板检验，构件制作完成后，按原样式在缺损位置上安装复原（图6-53）。

图6-51　塔顶修复

图 6-52　瓦面

图 6-53　角檐斜撑修复

（八）塔身修缮

塔身的主要病况有：一层红砂石柱础破损；各层倚柱均有不同程度的缺损；抹灰层脱落，塔砖外露；外露砖砌体灰浆缺失，砌砖多有酥碱风化；二至四层西侧外墙垮塌，上下贯通，芯砖外露，垮塌面积达9.2平方米，平均凹进深度达400毫米；二、三、四层门顶砖枋至转角柱顶塔砖缺失，纴木腐朽；局部墙体有裂纹；门窗洞口砌砖破损。针对不同残损，项目部采取了相应的修缮措施。

（1）柱础。根据2019年10月20日工程变更，项目部采购了同材质红砂岩石料，先依据残础缺失部分的尺寸，用传统工具凿成胚料，再依原柱础尺寸，用三合板做其外形样板和卡板，画至胚料石上，用传统工具琢凿打磨，用卡板检验外形。修整原柱础残破面，与修补面试配吻合后，用环氧树脂黏结复原（图6-54）。

（2）倚柱。将原倚柱酥碱残砖掏出，找出接槎，如无接槎的部位，作植筋处理。清除残渣浮尘后，喷水湿润基面，挂线，用石灰浆砌筑新砖。因倚柱有60毫米抹角，故在修砌前，将条砖依砖在倚柱的方位作割角切除，按设计图修复，砖面手工打磨处理，灰缝厚度与原砌体保持一致（图6-55）。

（3）墙体。其一，由于该塔年久失修，风雨侵蚀和冻融作用对塔体表面产生了危害，抹灰层脱落，塔砖外露，灰缝掏空，越往高层侵蚀现象越严重。而第一层下方塔壁则由于人为触摸或擦碰，抹灰面缺失，塔砖风化严重。修缮时，用手工工具掏出残留的酥碱塔砖，清除尘渣，用水湿润基面，以石灰浆补砌新砖，并用薄砖片錾入灰缝，将补砌新砖上下紧固（图6-56）。

图6-54 修整柱础

图 6-55　修复倚柱

图 6-56　墙体掏补

其二，坍塌墙面的修补：2 ~ 4 层西面塔壁大面积崩塌，据潜口村当地人称是早年受雷击所致。崩塌面凹陷较深，裸露出塔体内泥灰浆散砌的砌体。为使修补新砌的墙体能与坍塌后裸露的墙面牢固结合，消除整体剥离的隐患，除在坍塌面找出接槎外，设计还要求砌筑时在灰缝中植筋。施工时发现，内墙芯砖为泥灰浆砌筑，结构松散，强度很低，拉拔效力差。为此特作设计变更，采用以下方法施工：在稳固的内砖上钻直径 12、深不少于 10 毫米的洞眼，吹除灰尘，灌注植筋胶，插入 12 毫米螺纹钢筋，待植筋胶凝固后，在螺纹钢外端横向焊接一短钢筋，形成 T 字形。贴砌的新砖上开对应的 T 形凹槽，嵌入 T 形钢筋，湿润后灌入砂浆，使新砌砖体与塔体牢固拉结。之后，清水湿润修补墙面，挂线，依原砖缝用石灰浆砌砖，一顺一丁全眠砌法，使新老灰缝水平一致，凝结后可确保补砌墙体稳固（图 6-57）。

图 6-57　坍塌墙面的修补

（4）墙体裂缝。二层墙面有少量裂缝，由于裂缝细小，项目部根据专家意见，采用嵌入钢板破缝的方式修补（图 6-58）。具体做法：以裂缝为中，每隔 300 毫米横向切割出深槽，将 20 毫米 ×5 毫米 ×100 毫米的钢板嵌入砖缝，灰浆填实。

（5）券门、窗台。券门的残损多是顶部圆弧破损，施工时均依据券门残存的内弧，将不可再留的残砖凿除、清基湿润后，用石灰浆将磨制好的新砖依原券弧标准补砌，用木撑做临时支撑，待石灰浆凝固后拆除。

窗台和一般砌砖缺失的部位，均遵照先清理再湿润、后砌补的程序，做到灰缝平直，砌砖牢固，新老砌体一致，不改变原形制（图 6-59）。

（6）抹灰面。巽峰塔的抹灰面在一层下方、三层以上脱落较严重，七层几乎全无。根据设计要求，老墙脱落的灰面不做恢复，补砌的新砖也不做抹灰覆盖，以保持古塔的古朴原状。对裸露砖墙面的修缮采用勾缝处理。先将勾缝面清洁除尘，之后用桐油石灰膏勾缝。桐油石灰是用生

图 6-58　墙体裂缝修补及券门修复

图6-59　修复券门、窗台

石灰粉掺拌生桐油成团后，用铁锤反复锤打至可以拉扯成条状的程度，存放于不易干燥的容器中，使用多少取多少，不能长时间留存。勾缝时，用订制的竹签等自制的小工具，挤压灰条入缝，使灰条均匀，灰缝一致（图 6-60）。

（九）塔梯修复

巽峰塔塔梯破损缺失严重，三、四、五、六层缺失约 70%。塔梯由青条砖石灰浆砌筑，砖尺寸有 330 毫米 ×160 毫米 ×90 毫米和 330 毫米 ×160 毫米 ×70 毫米两种，灰缝厚度 15 毫米，丁头为踢面、长头为踏面立砌。修补时，凿出残砖，清洁基面，湿润后补砌与原梯一致。一至二层塔梯用砖的厚度为 110 毫米，据 2019 年 9 月 11 日技术会议，专家考察后指出“砖无铭文，应为清代时期修缮所砌，但保存较完整，此次修缮建议保留”。项目部依此意见将其修复。

由于二层地面砖几乎全失，一层穹顶的顶面外露，工人在清理碎砖杂尘、湿润基面后连台阶及平台一并整体砌筑。

图 6-60　墙面勾缝处理

二层上三层塔梯非壁内折上式，从塔壁上留存的痕迹可以判断，上三层的塔梯入口在壁龛之上，起步台阶距二层地面有 2.3 米高差，古人应是借助活动梯方可上塔。按照设计方案，在龛台之上依塔壁留存的踏步痕迹补砌台阶。其他层级缺失的台阶，均按原形制配新砖恢复（图 6-61）。

图 6-61　塔梯修复

（十）塔内地面

巽峰塔塔室共有四层，均用330毫米×160毫米×70毫米的青条砖铺墁，施工时按设计图纸所示和专家的技术指导，依照原铺设工艺进行。各层现状地面非原标高，碎砖铺墁，非原形制，并缺失严重，特别是二层，地面砖材大量遗失，穹顶裸露。故针对各层的具体状态予以修整（图6-62）。

图6-62　塔内地面修缮

一层，现状地面用乱砖随意铺就，且有缺失。施工时首先拆除原面砖和垫层，再根据原标高整平地基，用三合土做垫层，将拆出的散砖有序平整满铺为底层，而后依据塔内墙脚下的原地砖标高及走向，按传统铺法，用石灰浆铺墁。由于塔室南侧有供台，其墙脚下有原地砖留存，按其走向为斜铺，故一层地面有两种砖路走向。通向门窗的通道面层，与室内铺墁走向相同。

二层，地面砖大量缺失，穹顶全部裸露，在清除杂物尘土后，根据设计，以 330 毫米 ×160 毫米 ×70 毫米的青条砖，由下至上，分五道，用 15 毫米厚石灰浆，正斜相错铺墁，与墙根原地砖走向相吻合。通向东西窗台和南侧楼梯的休息平台，遵照设计亦为条砖铺设。

五层，地面虽有砖块铺设，但因后人随意施修，高出地面 360 毫米的北面拜台也残缺损毁。依据设计，拆除杂乱地面，用三合土找平垫层，用石灰浆依原地面标高，用砖块有序铺设，拜台部分用三合土找平后，依墙下残存面砖走向用条砖恢复正铺。

七层地面与五层原状基本相同，将乱砖拆除后，用三合土找平垫层，用石灰浆连同通向门窗的通道用条砖斜铺。

另：三、四层的楼梯平台及门窗通道用砖块墁地。

（十一）塔内整修

（1）壁龛、神龛及供台（图 6-63）。巽峰塔一、二、五层塔室内均设有神龛，各有不同程度的破损。一层佛龛按原式样用条砖和石灰浆进行了修补，砖面不做抹灰。由于供台无据可考，

图 6-63　修补壁龛、神龛及供台

故仅对凸出墙面的须弥座角墩做了修补。

一层塔室内南向神龛供台两侧的壁龛和东北面内壁下方有三处人为掏挖的洞穴，深达 1.6 米和 1.4 米。遵照设计方案和专家意见，用订制青条砖以原砌筑方式补砌。供台两侧连同北门两侧共四块壁龛均做修复，因壁龛内原样如何无法考证，故用砖砌平抹灰做旧后留空，在各壁龛左下角镶嵌 300 毫米 × 80 毫米素面砖板，阴刻“待考 公元二零二零年八月”字样，以示后人。

二层南侧龛台参照一层神龛形制用条砖和石灰浆进行了修补，砖面不做抹灰。

五层北向的神龛因全部塌毁，仅存墙面痕迹，结构样式无法考订，故留存遗迹不做修复。对神龛上方的三个壁龛破损处给予了修补。

（2）须弥座。拆除须弥座上枭、上枋和束腰中过去不当修复留存的水泥部分，用条砖、石灰浆按原式样进行恢复修缮。二层东西两侧门洞内壁留有 4 处封堵的门洞，其中西侧门内北边内墙门洞被挖开，露出当年填砌的砖体。本次修缮未做挖掘，给予原样保留。门洞两侧的须弥座均按原形制进行修复（图 6-64）。

（3）穹顶。巽峰塔一层、五层、七层塔室穹顶均存在局部裂缝，修缮时使用桐油灰膏勾缝加固（图 6-65）。

图 6-64 修补须弥座

图 6-65 穹顶

（4）内壁。巽峰塔 4 个塔室的内壁均有不同程度的缺损，其中一层受人为影响、七层受风雨侵蚀，内壁抹灰层散失，塔砖风化较严重。维修时采用剔补手法，用条砖和石灰浆进行修复（图 6-66）。

（5）壁画与墙面涂鸦。塔内遗存的壁画、诗词，依据 2019 年 9 月 27 日工程会议纪要给予现状保留，对于大量粗俗的乱涂乱画进行了手工打磨清理，使抹灰面达到自然协调的状态（图 6-67）。

图 6-66　内壁修缮

图 6-67　清除壁画与墙面涂鸦

（十二）塔外地面铺装

根据《巽峰塔外地面铺装及散水工程设计方案》，施工时先将塔台地面原有的水泥砖拆除。塔台的东侧和南侧毛石挡墙有松动坍塌部位，施工时进行了修整重砌。然后将塔台地面下挖至 –0.350 标高，将基层土整实后，做 2% 的散水。用直径 50 毫米的泄水管按 5% 的泄水坡度，间距 2 ～ 3 米梅花形布置，其上素土夯实，找平后铺设规格为 400 克的防渗土工布一道，并做 60 毫米厚细沙保护层。在做完 100 毫米厚的砾石垫层后，做 100 毫米厚沙灰结合层，用厚度 80 ～ 120 毫米的花岗岩老石板按 1% 的散水铺平塔台外圈地面（图 6-68）。

为防塔顶、腰檐的雨水落地时反溅至一层下部的塔身，常年溅射酥碱塔砖，故除东、西、北三个塔门出入通道外，绕塔一周距塔 1200 毫米的范围内，在防渗土工布之上填入种植土，修筑低于塔外地坪 40 毫米的花池，满铺草皮（图 6-69）。

由于自然地坪与塔外地面有落差，故在北侧修筑五级石台阶方便上下。为防止日久下沉，先

图 6-68　塔外地面铺装

图 6-69　塔外地面铺装

图 6-70　门扇

进行素土夯实，用 100 毫米厚砾石垫层和 100 毫米厚 C20 素混凝土浇筑，再在其上砖砌基础，用 1 ： 3 干硬性水泥砂浆黏结花岗岩石台阶，两端做同台阶材质的垂带，保持整体的协调。

塔台四边围砌宽 300、厚 150 毫米的花岗岩阶沿石，增设高 460、宽 260 毫米的花岗岩条石凳。阶沿石及石凳表面火烧做旧处理，以形成与古塔较为协调的观感效果。

塔台外围种植一圈绿篱，选用与巽峰塔所在公园绿篱树种一致的小叶女贞。

（十三）门扇

一层塔梯入口门洞中原有木质塔门，连楹木尚存，修缮时按设计尺寸新制为 1120 毫米 × 2260 毫米 ×65 毫米双开实拼木板门，配制门铺首加锁（图 6-70），以便文物保护管理。

第四节 工程变更

文物建筑的修缮保护，不是简单的“照图施工”，而是一个理论指导实践、实践再反作用于理论、不断改进的过程，这也是文物保护工程与新建筑物建设工程在工程设计和工程管理方面的重要区别之一。巽峰塔修缮工程始终贯彻动态修缮管理思路，做到修缮施工的同时进行分析研究，不断依据新发现的文物信息，修改完善施工方案，最大限度地维护初始建筑结构体系，保持其固有建筑风貌的独特性。

在修缮工程实施过程中，许多勘察测绘阶段无法发现的新的文物信息逐渐显露出来，如被草木遮蔽的塔顶和塔檐铺砌方式、砌体内部纴木铺设结构和糟朽情况、塔体内层使用的灰浆材质等。

修缮工程实施中，一旦发现新的问题，项目部及时以工程联系单的形式向建设单位、监理单位、设计单位报告，由建设单位邀请专家现场勘察，召开技术会议，提出指导意见，由设计单位作变更设计，经建设单位批准后由项目部组织实施。

（1）在修补该塔西立面二至四层崩塌部分的塔壁、砖檐枋和缺失倚柱时，发现塔墙外皮的砌砖用石灰浆黏结，较为稳固，而内部采用泥灰浆砌筑，十分松散。原设计方案要求补砌新砖时在内墙灰缝中植筋。由于泥灰浆强度低，拉拔效力不足，项目部向监理汇报此问题，提出调整建议并得到专家认可。具体做法是：在对称的稳固内砖上钻直径 12、深度 100 毫米的洞眼，注入植筋胶，插入直径 12 毫米的螺纹钢筋，外端横向焊接短钢筋；在补砌新砖上凿出 T 字形凹槽，砌筑时套入 T 形钢筋，灌实砂浆，在其上压砌新砖，使新老灰缝水平一致，凝结后可对外层砌体起到拉牵作用，确保补砌塔体稳固。

（2）巽峰塔一层倚柱的 8 个柱础是红砂石材质，设计方案要求按现状保留，经现场勘察，有两个石柱础风化破损、缺失严重，如在其上修补恢复倚柱，那么底部砖砌体将为悬空状态，故提出工程变更，建议补配修整柱础。经建设、设计、监理单位同意后，施工单位现场将两个柱础按原材质、原形制、原工艺进行了补配恢复，取得了较好的效果。

（3）施工单位在清理塔顶、腰檐部位时发现遗存小青瓦实物及瓦垄痕迹，确定巽峰塔屋面为板瓦屋面。又在塔顶的脊角部位发现了戗脊的托底砖和压脊砖。在报告业主、监理及设计单位后，并征求专家意见，将原设计方案中的筒瓦屋面变更为版瓦屋面，筒瓦戗脊变更为砖制戗脊。

（4）在清除塔顶杂草树木、拆卸塔刹、清理松散塔砖后，发现塔刹刹基的纴木、塔刹中的刹柱已糟朽腐烂。根据专家意见，项目部按设计变更，选用老杉木新制了纴木和刹柱，并用环氧煤沥青将桩木涂刷二遍防腐，刹柱用碳纤维布包裹二遍加固，以增加强度、延长其寿命。

（5）巽峰塔二层塔室西面券门内，南北两侧均有被封堵的券门，其中北侧券门封堵砖体被掏挖出一部分。原设计方案要求拆除封堵砌砖。专家现场反复考察，不能确定封堵砖体背后的结构情况，封堵使用的砖上有与塔砖相同的铭文，推测应是建塔时做的封堵，封堵目的不明，封堵体是否承重亦不明。考虑到塔身结构安全，专家建议保留原状，不执行原设计的拆除方案。故本次修缮仅修复了券门外壁两侧的须弥座，券门内做遗迹保存。

（6）巽峰塔五层塔室的地面修缮前为碎砖铺墁，原设计方案要求保留原样，仅需平整垫层，补齐残缺破损地面。施工清理时发现内壁下沿存在规整砖路遗迹，可以断定乱砖地面是后代草率维修所为，故提出修改设计的建议。经建设、设计和监理单位认可，由设计单位变更图纸设计，改为青砖正铺。

第五节
工程质量评估

2020 年 1 月 20 日，黄山市徽州区文化旅游体育局邀请黄山市文化旅游局领导和文物专家对巽峰塔工程已完成的、自检合格的工程量进行验收前质量预验收，专家组实地考察后，对巽峰塔主体的修缮质量和整体观感表示认可，建议作为合格工程验收，同时提议尽快实施对外围整体环境的设计和整治，对一些施工细节和工程资料的不足之处提出了整改意见。

2020 年 3 月 24 日，黄山市徽州区文化旅游体育局邀请安徽省文物局领导专家，召集监理、设计、施工单位相关人员，根据相关法律、法规、安徽省文物保护工程验收标准、设计图纸文件及施工承包合同等，对巽峰塔主体工程施工质量进行了全面检查验收，认为该修缮工程施工能满足设计要求和文物工程的规定，观感效果良好，可通过验收。

2020 年 9 月 22 日，黄山市徽州区文化旅游体育局组织专家组对巽峰塔外地面铺装及散水工程进行验收，经实地考察和施工资料检验后，专家组认为，该工程施工质量良好，此前两次验收发现的问题均已整改到位，具备竣工验收条件。

本工程主要包括四个分部：主体分部、屋面分部、室内修整、塔外地面铺装及其他工程。

1. 主体分部

主要工程内容有：清除塔顶、腰檐杂草树木，拆安塔刹，更换纴木、刹柱，重砌刹座刹基，修补毁失的塔顶腰檐砌体，修砌加固塔身，对影响结构安全的构件均严格按原形制、原材料、原工艺进行修葺；新砌墙面和原墙脱落严重的抹灰面，用桐油石灰勾缝。本工程主体修缮验收资料齐全、满足设计要求、质量符合施工验收规范要求。

经检验，评定结果为合格。

2. 屋面分部

主要工程内容有：塔顶及各层腰檐瓦面灰泥垫层、防水处理、瓦面铺设及戗脊砌筑，施工质量符合设计及专家的技术指导意见，符合验收规范要求，屋面分部隐蔽验收资料齐全，屋面淋水试验合格，屋面无渗漏现象。

经检验，评定结果为合格。

3. 室内修整

主要工程内容有：地面、塔梯、券门、窗台、佛龛、壁龛、墙面、须弥座等部位的清理修缮，施工质量符合设计及专家技术指导要求，符合原塔工艺做法。

经检验，评定结果为合格。

4. 塔外地面铺装

塔台地面、台阶、坐凳、散水、绿化等施工质量均符合设计要求及相关施工规范。

经检验，评定结果为合格。

5. 验收结论

（1）工程符合国家、地方文物保护法律、法规及行业规范的要求，满足设计图纸（变更图纸）及招标清单内容要求，按时完成了招标文件、施工合同的全部任务；

（2）工程资料、影像资料齐全；

（3）工程实体质量符合设计要求和相关施工质量验收标准，修缮后的文物建筑安全可靠，保持了良好的观感效果，符合文物建筑修缮保护原则。

附录一

实测与修缮设计图

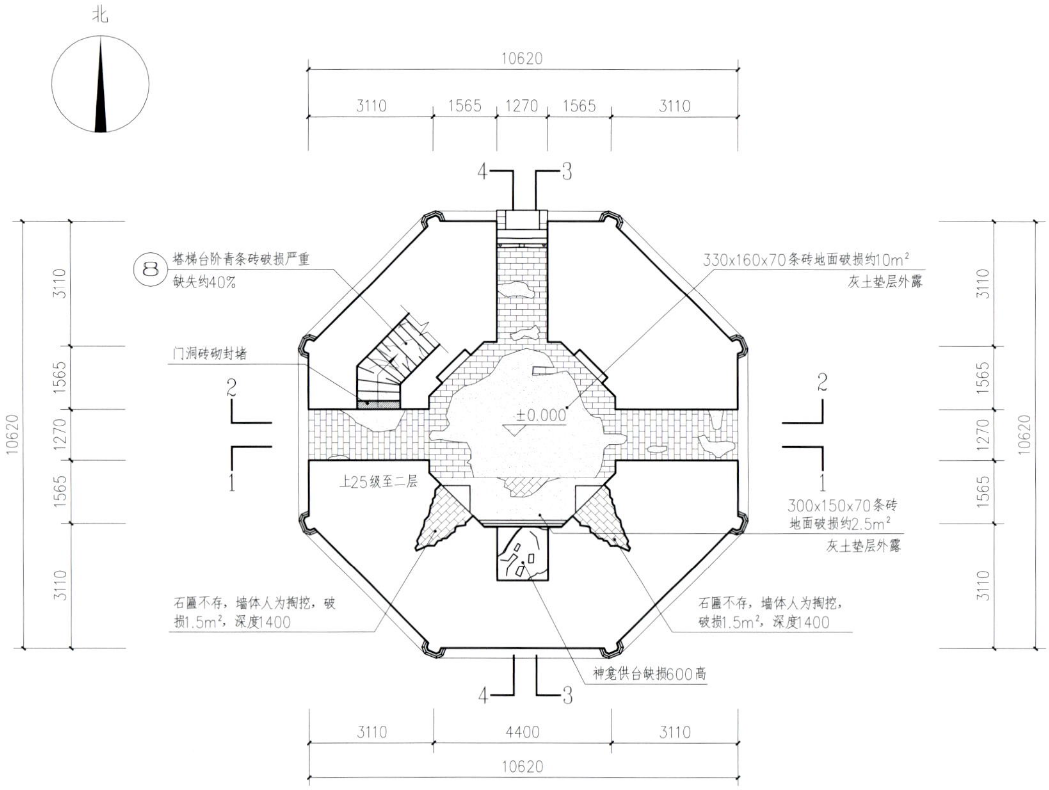

一层平面现状图

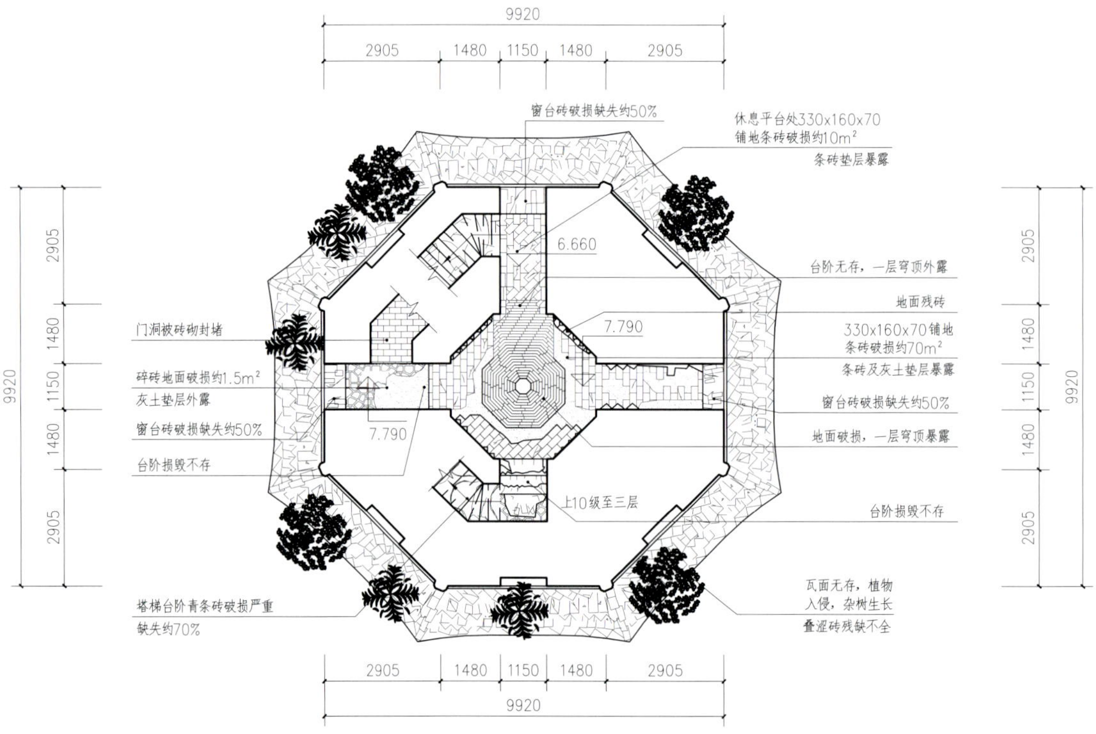

二层平面现状图

图1 巽峰塔一层、二层平面现状图

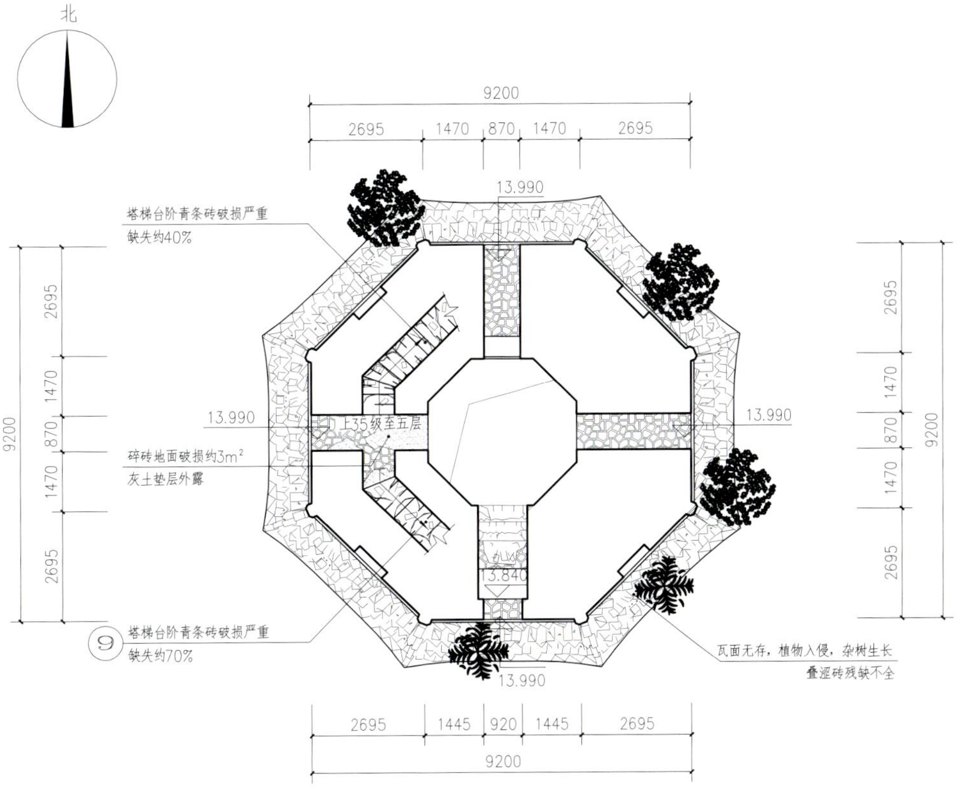

三层平面现状图

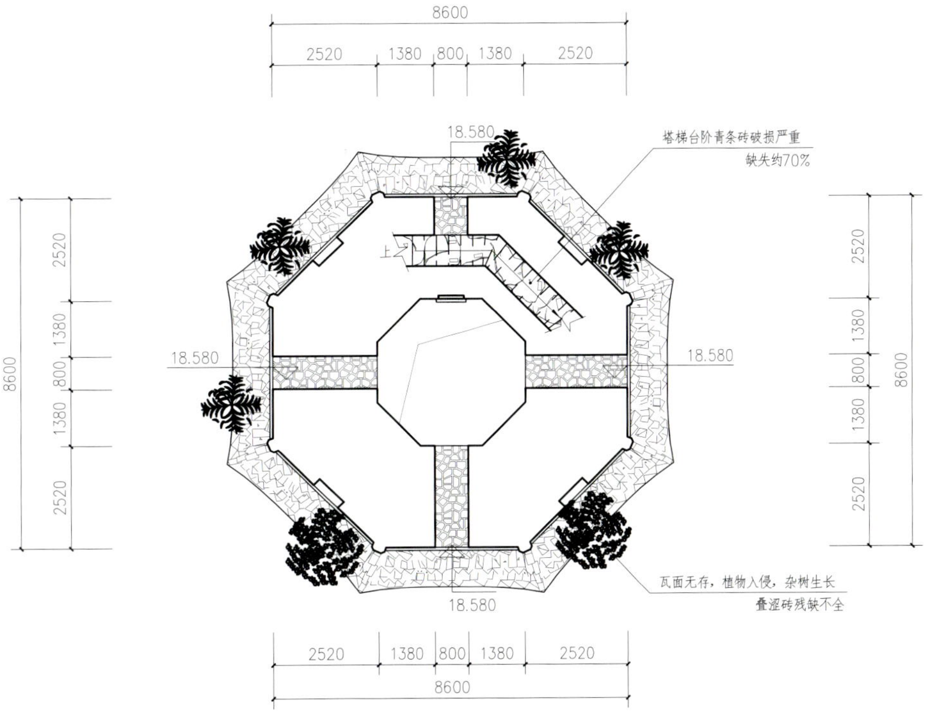

四层平面现状图

图 2　巽峰塔三层、四层平面现状图

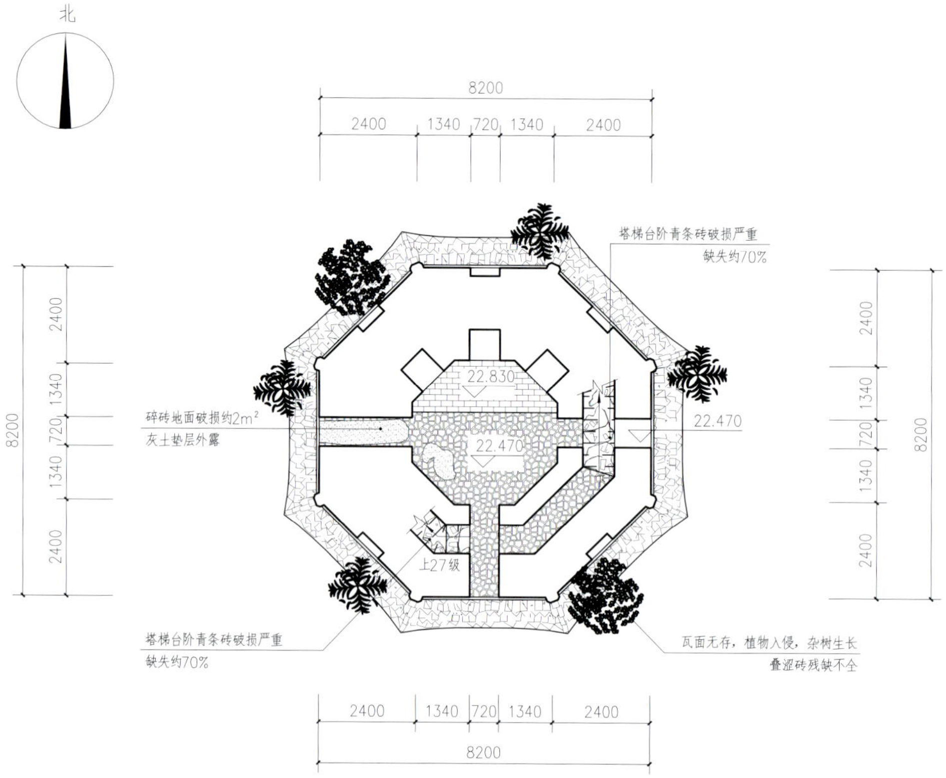

五层平面现状图

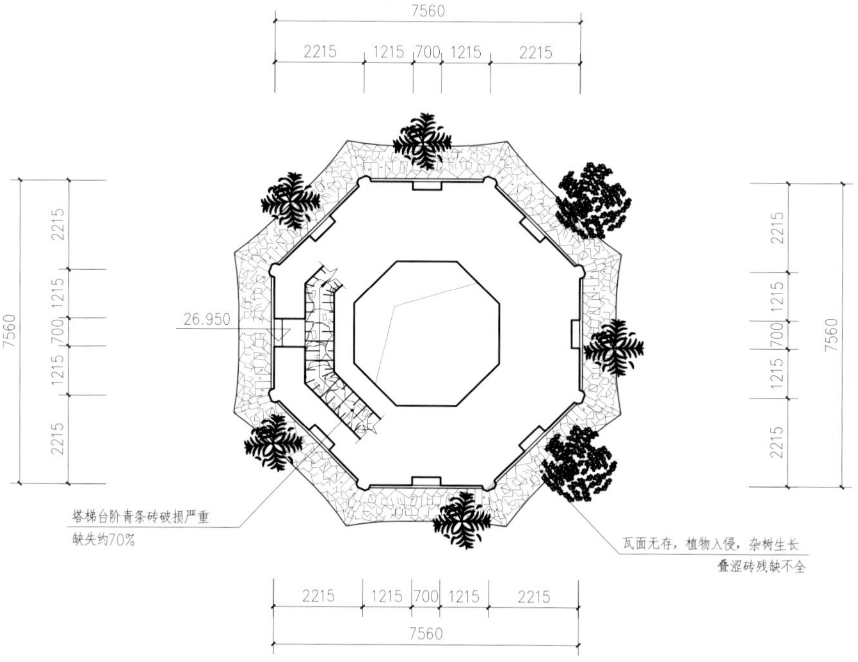

六层平面现状图

图3　巽峰塔五层、六层平面现状图

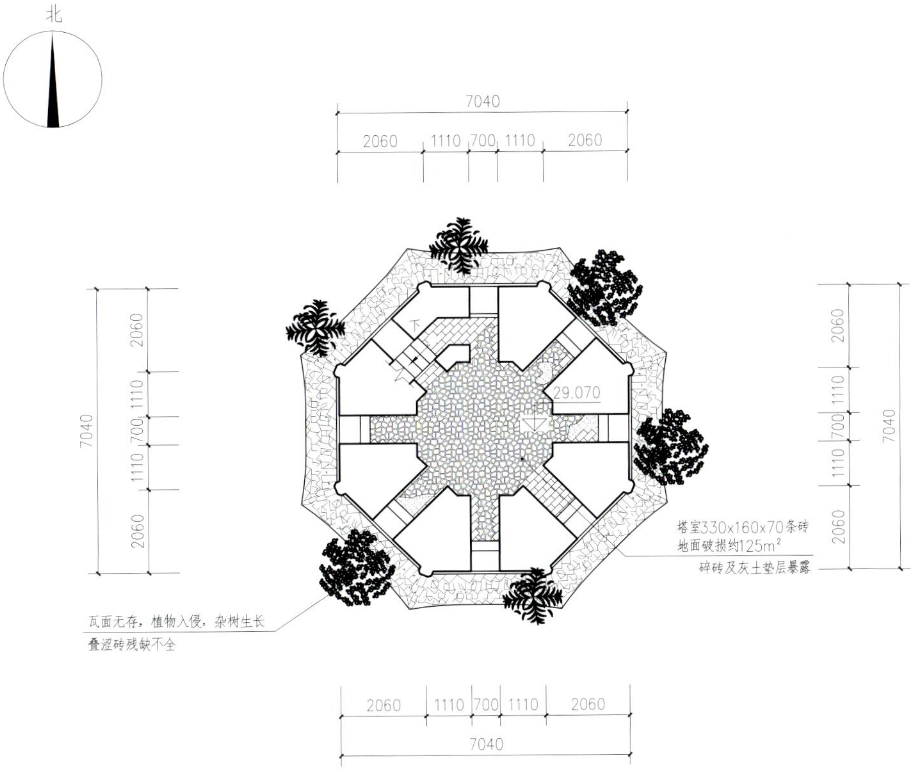

七层平面现状图

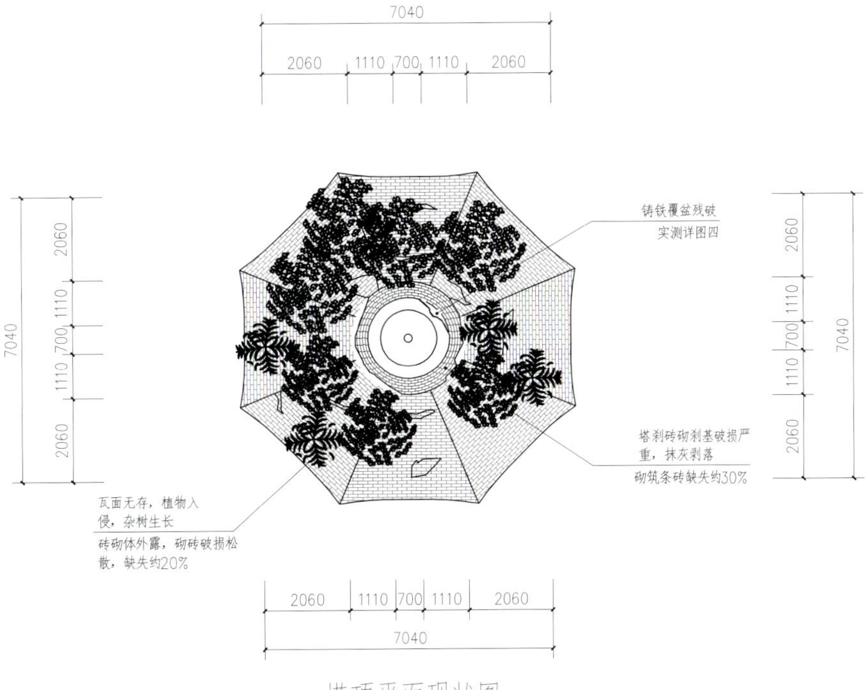

塔顶平面现状图

图4 巽峰塔七层、塔顶平面现状图

39.990
6300
33.690
1680
32.010
2130
29.880
1170
28.710
2680
26.030
1230
24.800
2890
21.910
1160
20.750
39990
2880
17.870
1440
16.430
3310
13.120
1360
11.760
3785
7.975
2195
5.780
2220
3.560
3560
±0.000
39.990
5680
34.310
3330
30.980
950
30.030
2180
27.850
900
26.950
3050
23.900
1430
22.470
2470
20.000
39990
1420
18.580
3060
15.520
1530
13.990
3060
10.930
2390
8.540
5560
2.980
2980
±0.000

图 5 巽峰塔立面现状图

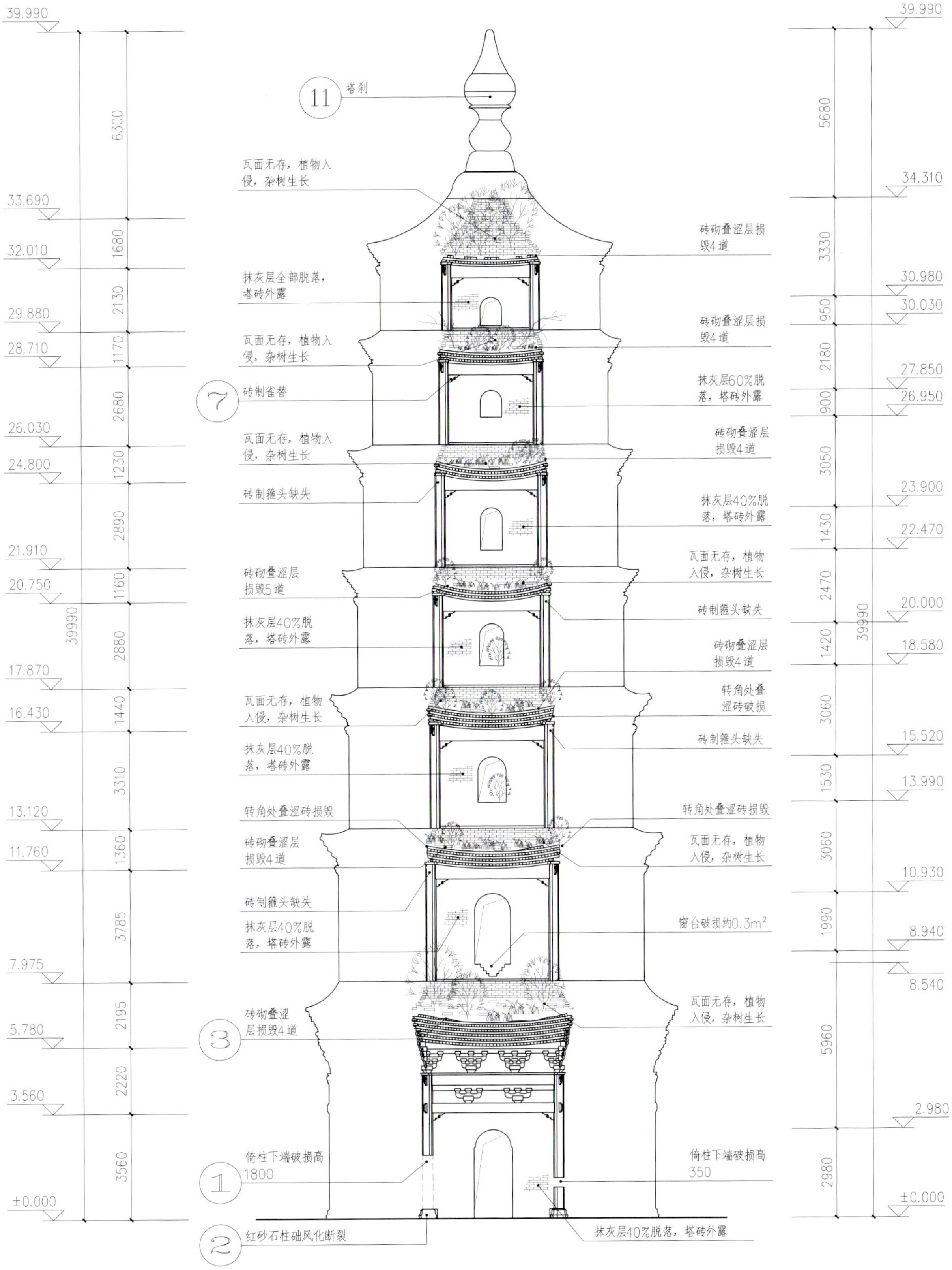

图6 巽峰塔东立面现状图

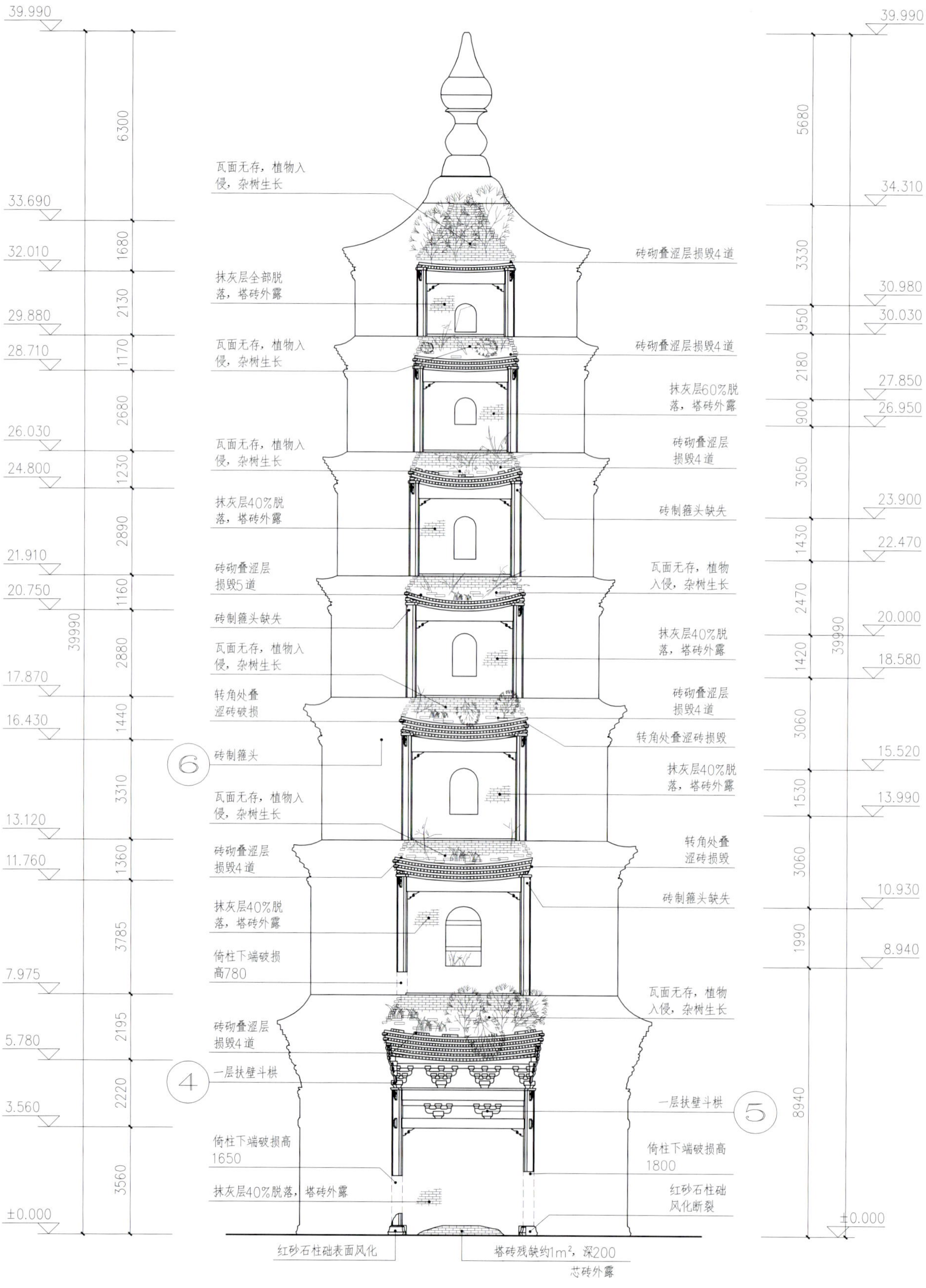

图7　巽峰塔东南立面现状图

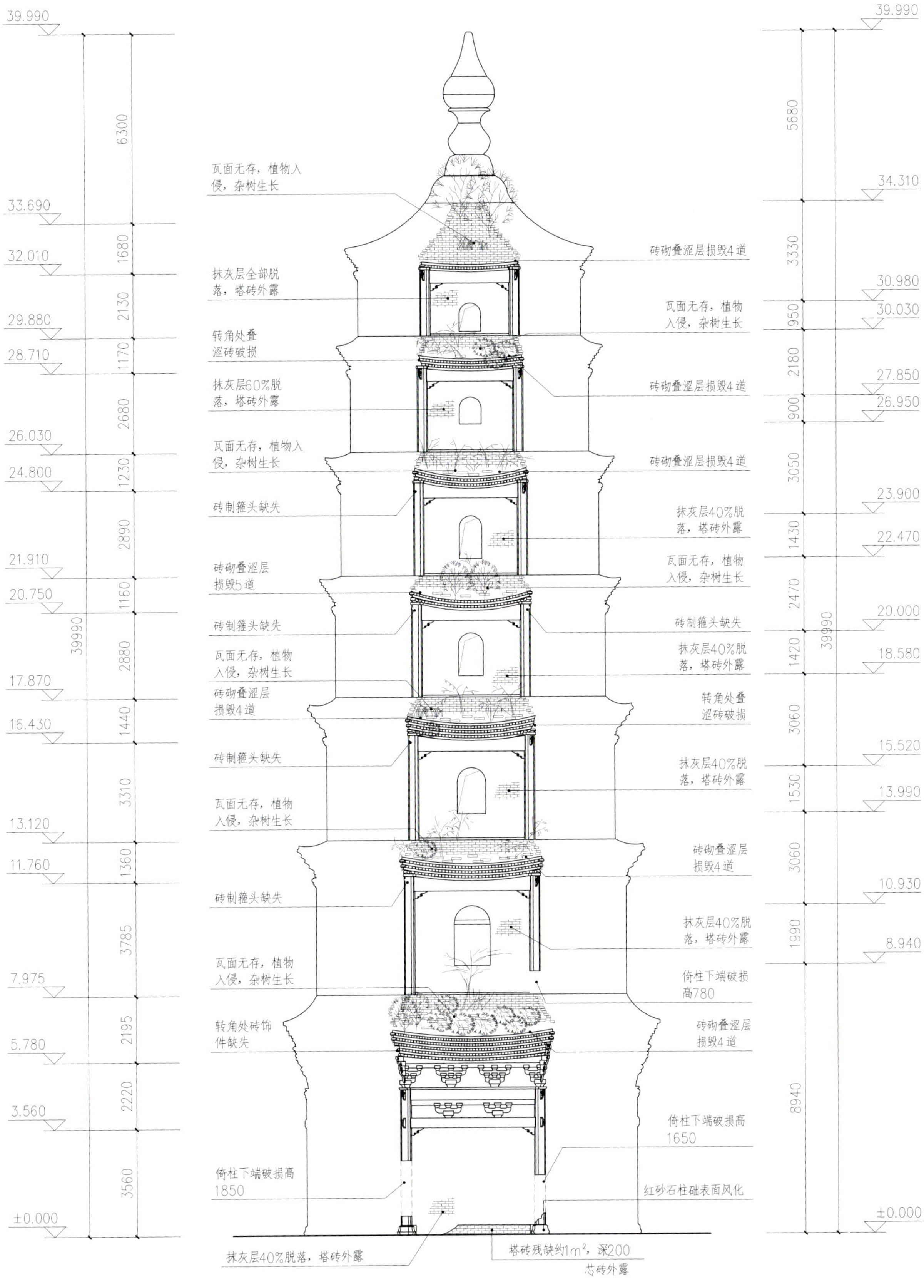

图8 巽峰塔南立面现状图

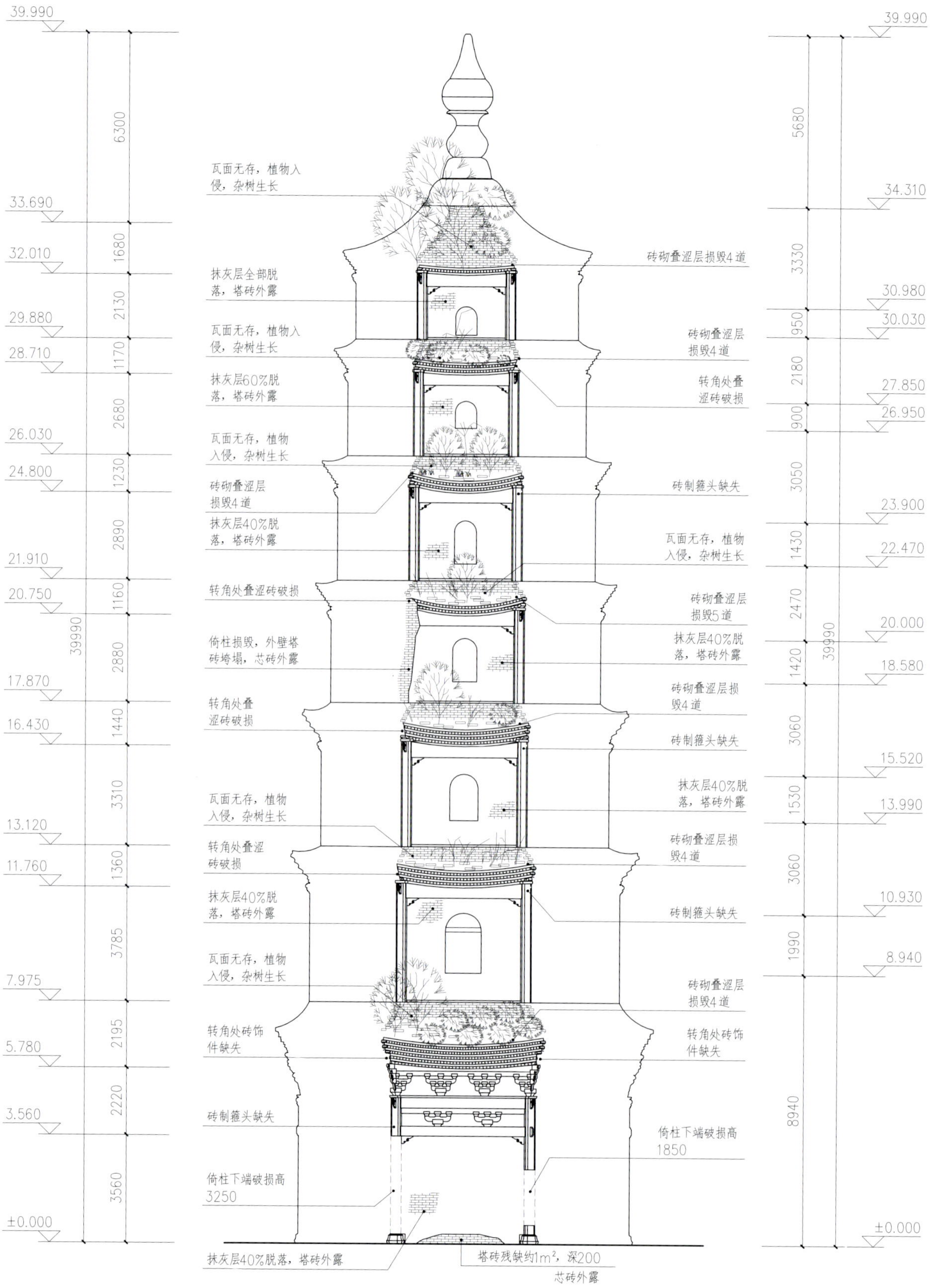

图9 巽峰塔西南立面现状图

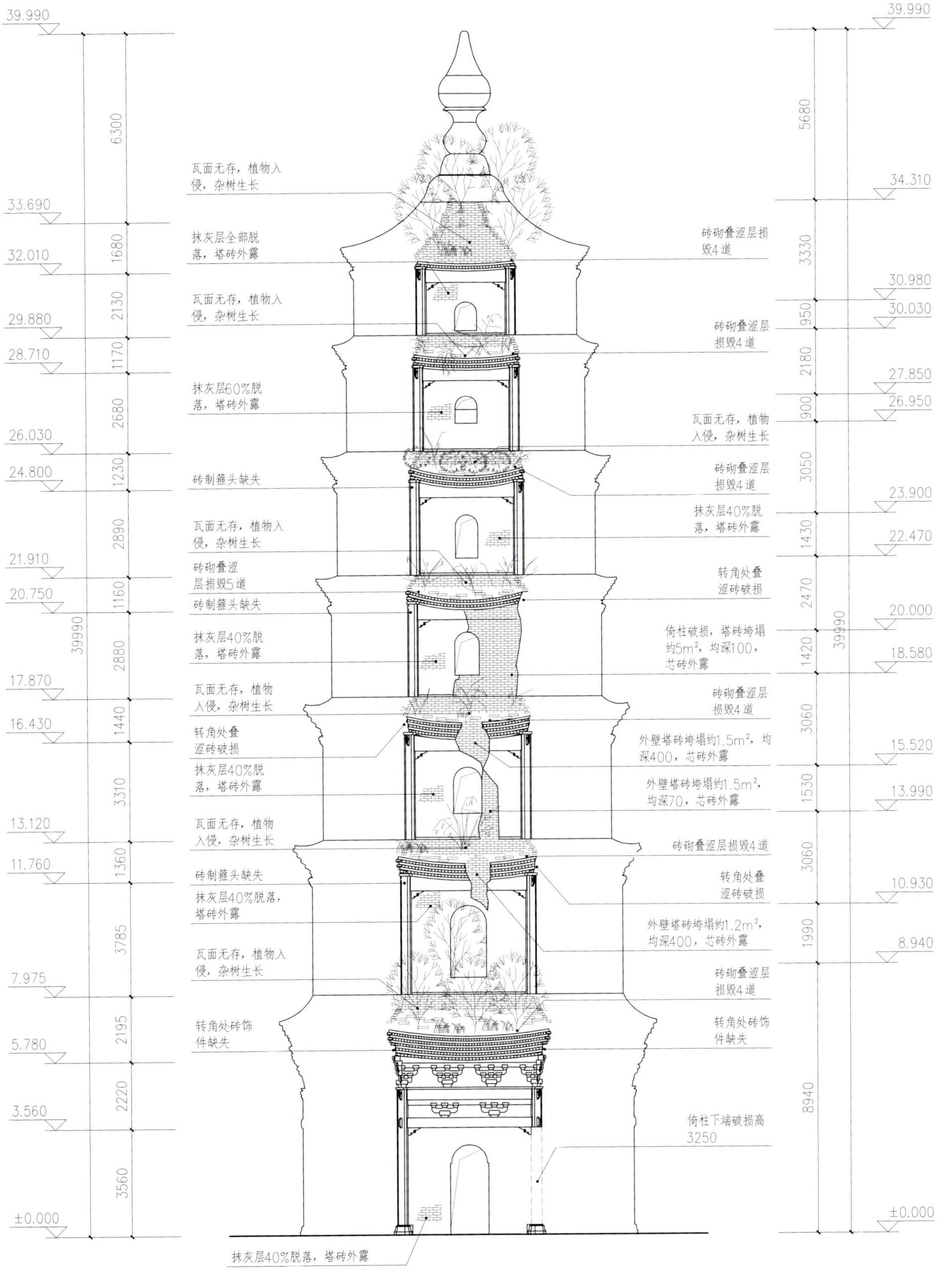

图10　巽峰塔西立面现状图

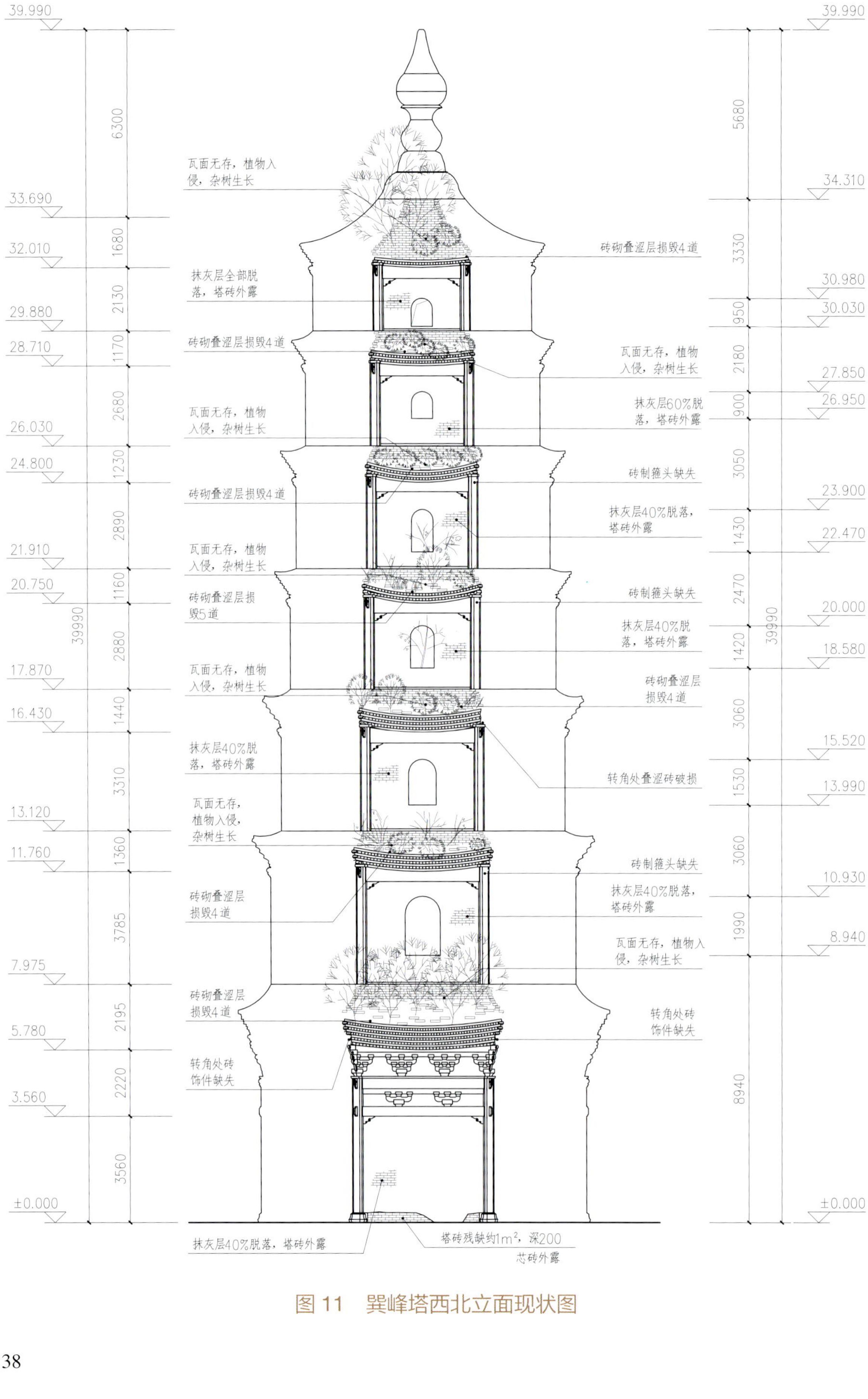

图 11 巽峰塔西北立面现状图

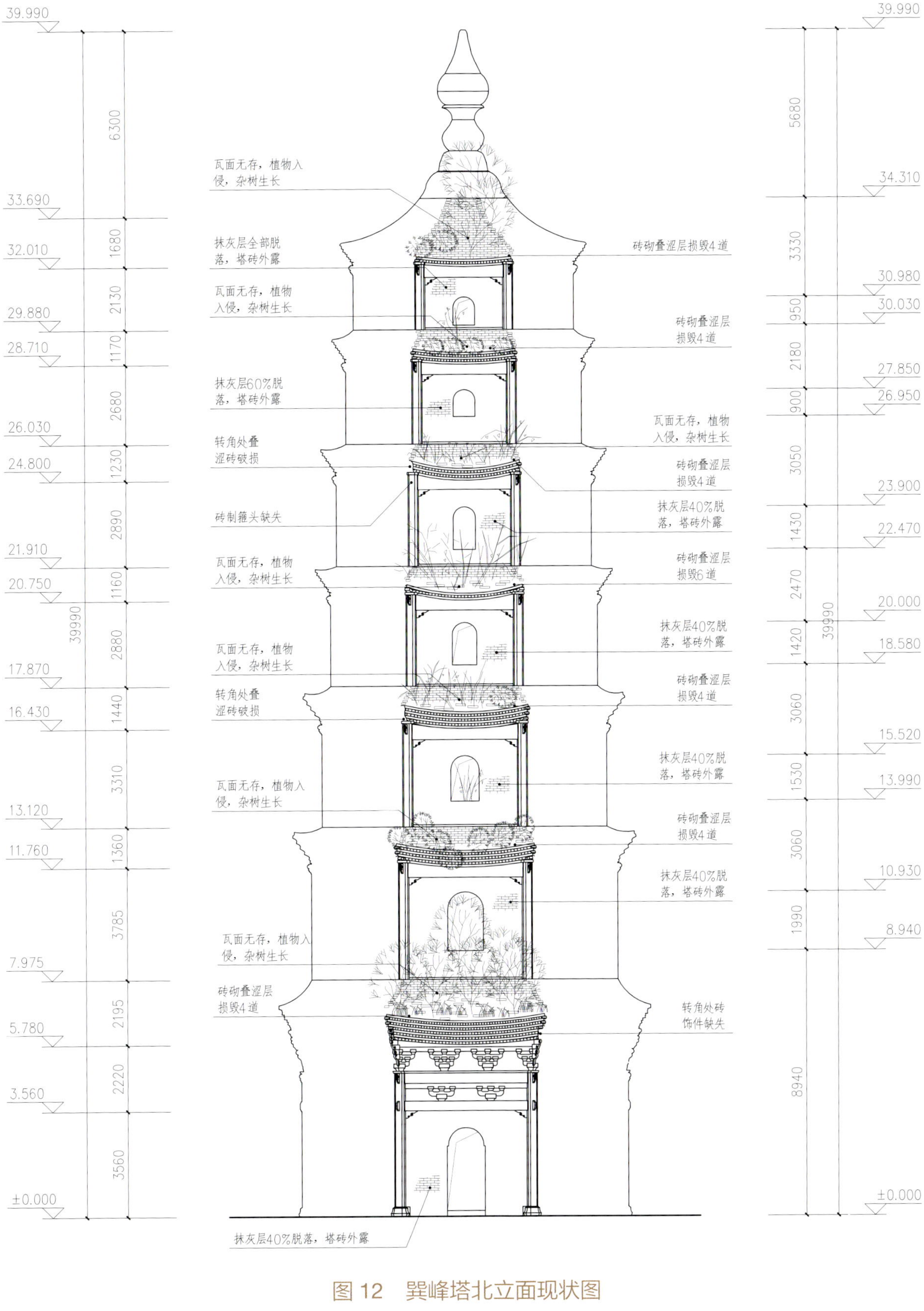

图 12　巽峰塔北立面现状图

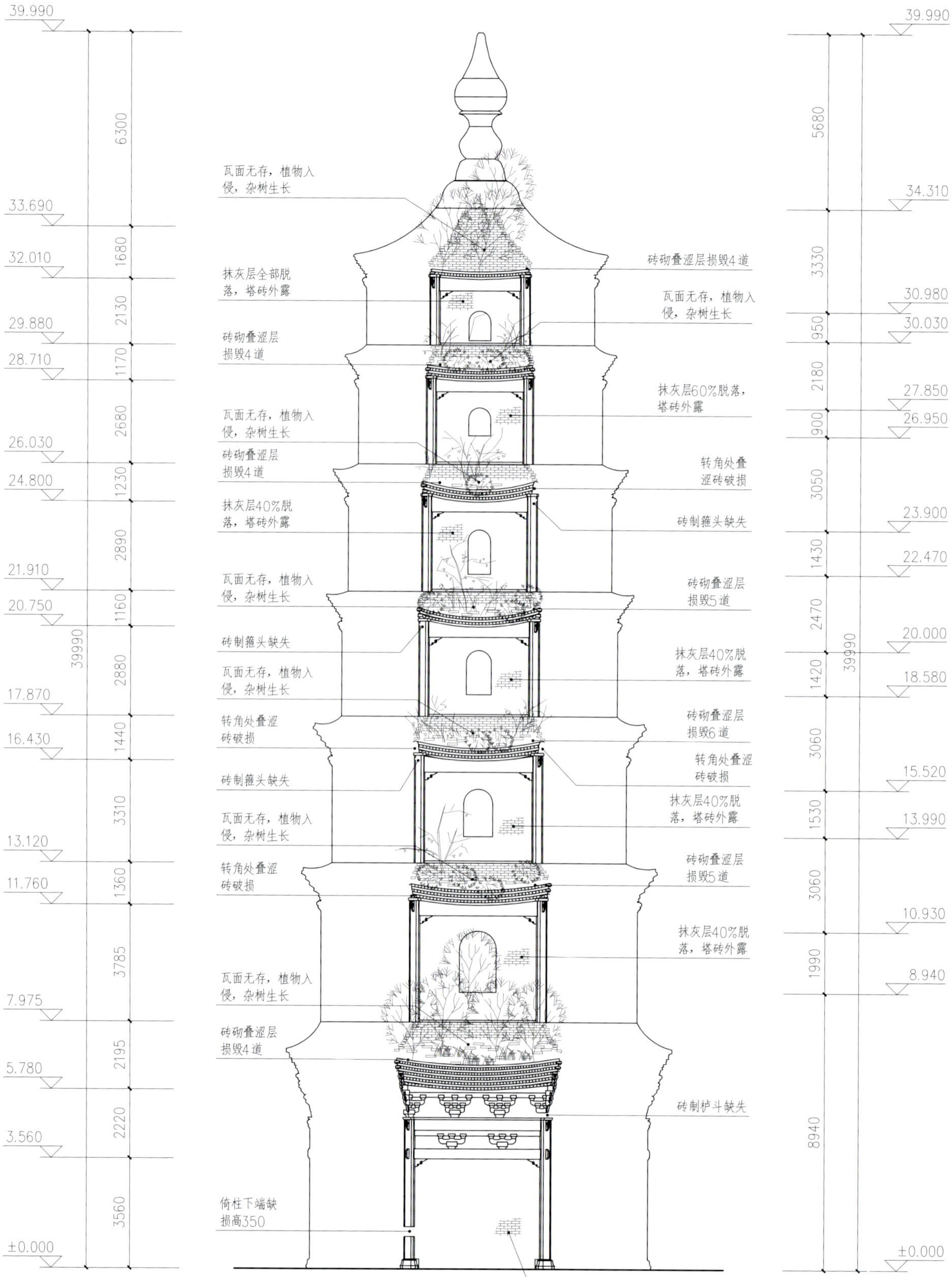

图13　巽峰塔东北立面现状图

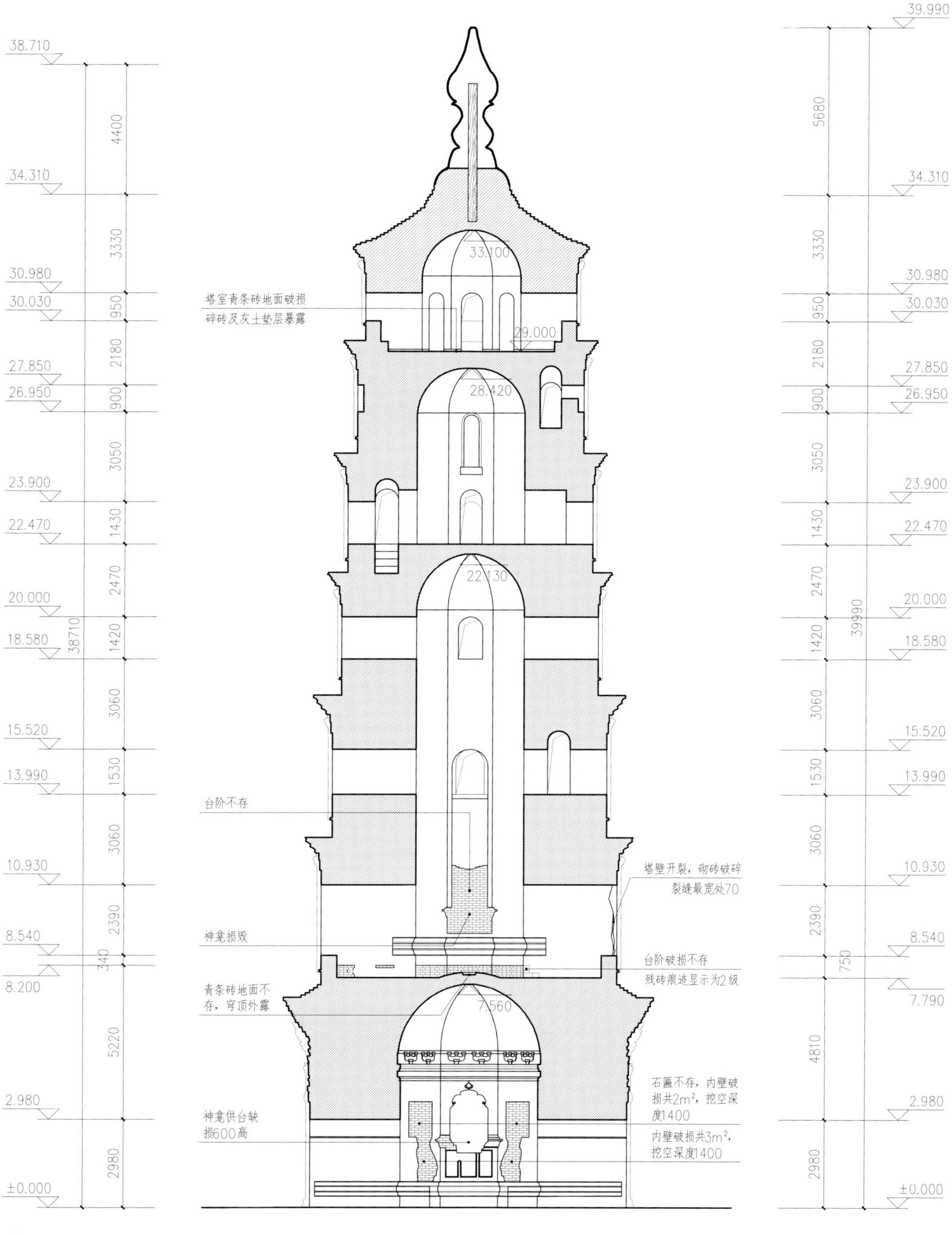

图 14　巽峰塔 1-1 剖面图

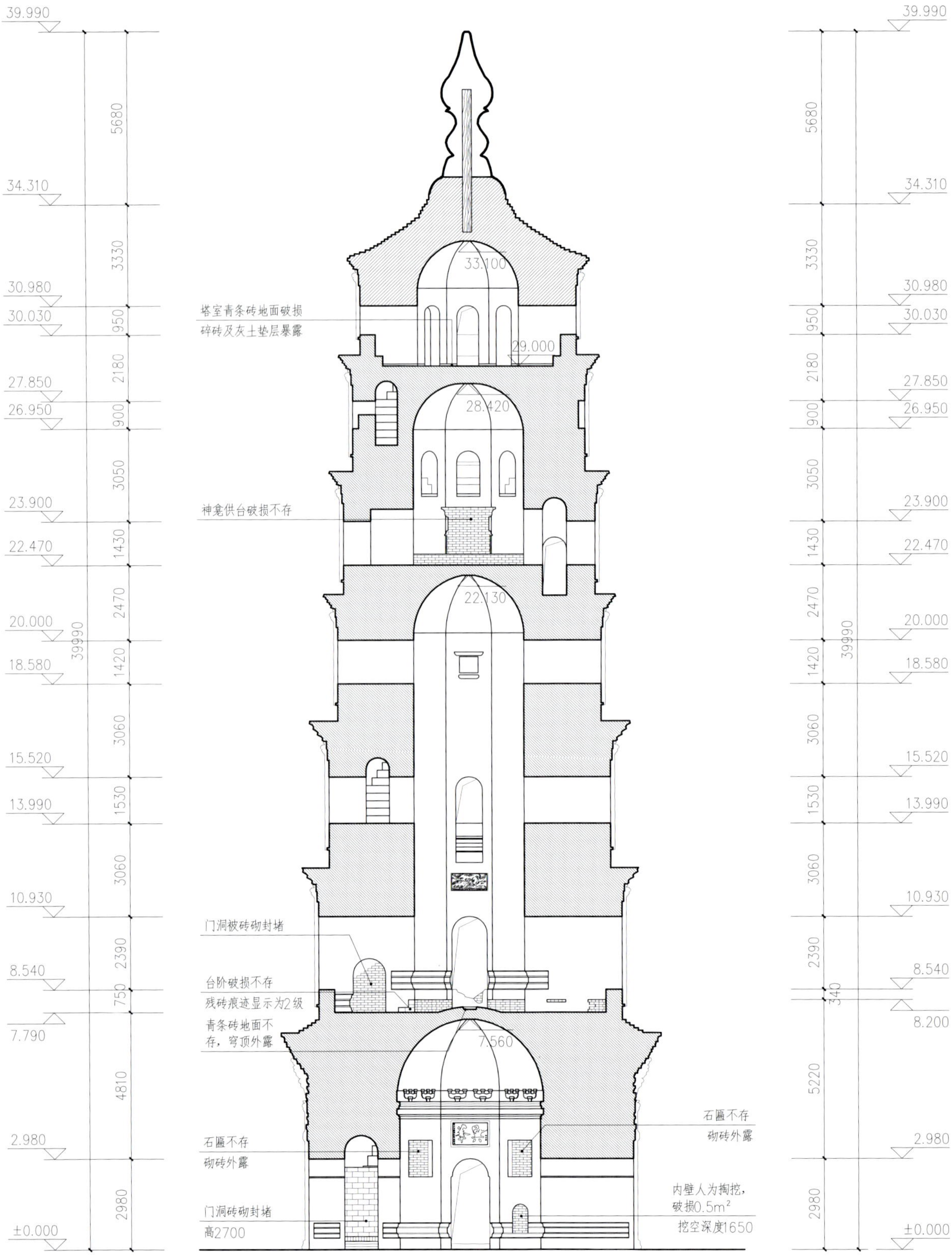

图 15　巽峰塔 2-2 剖面图

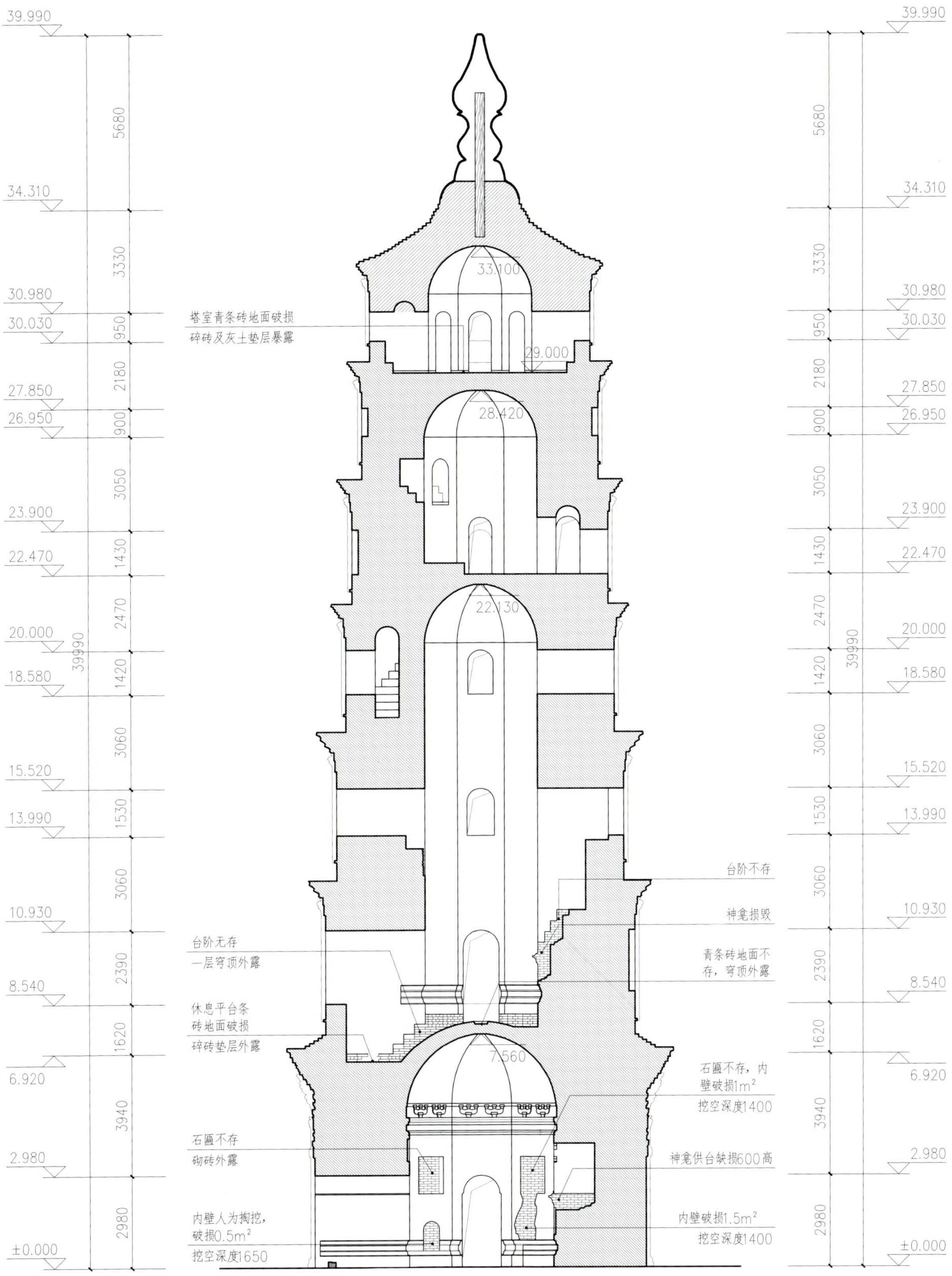

图 16　巽峰塔 3-3 剖面图

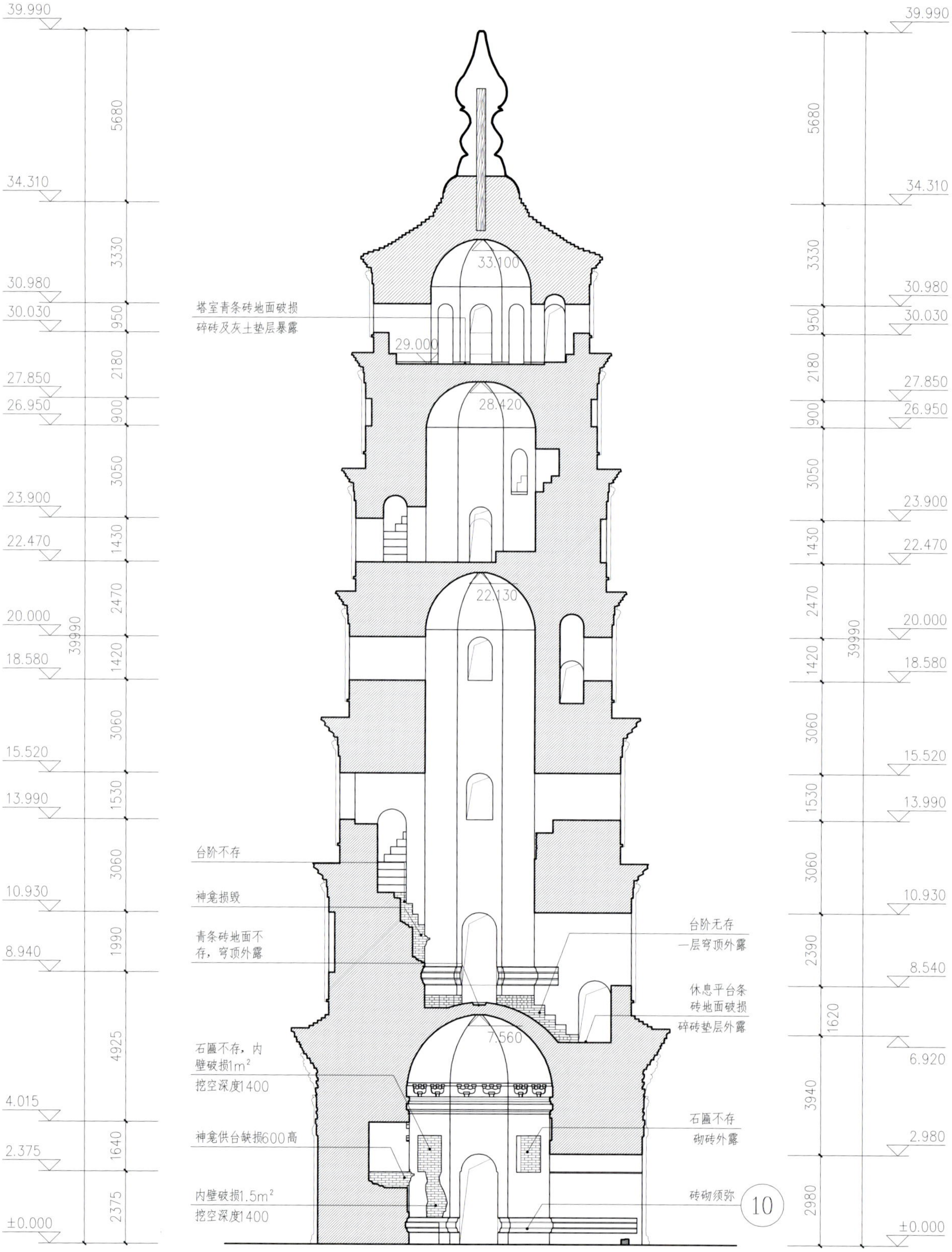

图 17　巽峰塔 4-4 剖面图

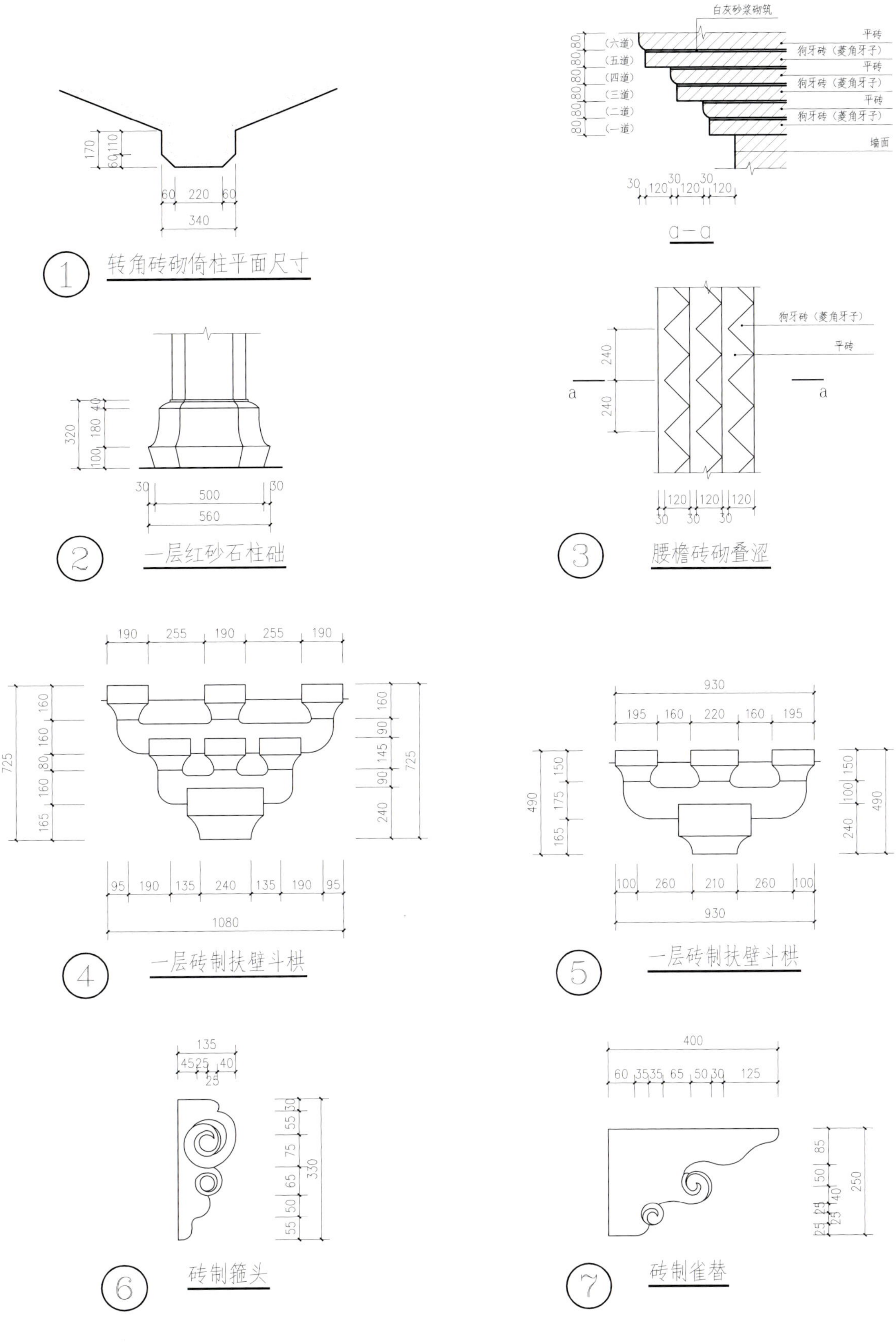

图 18　巽峰塔砖石构件详图

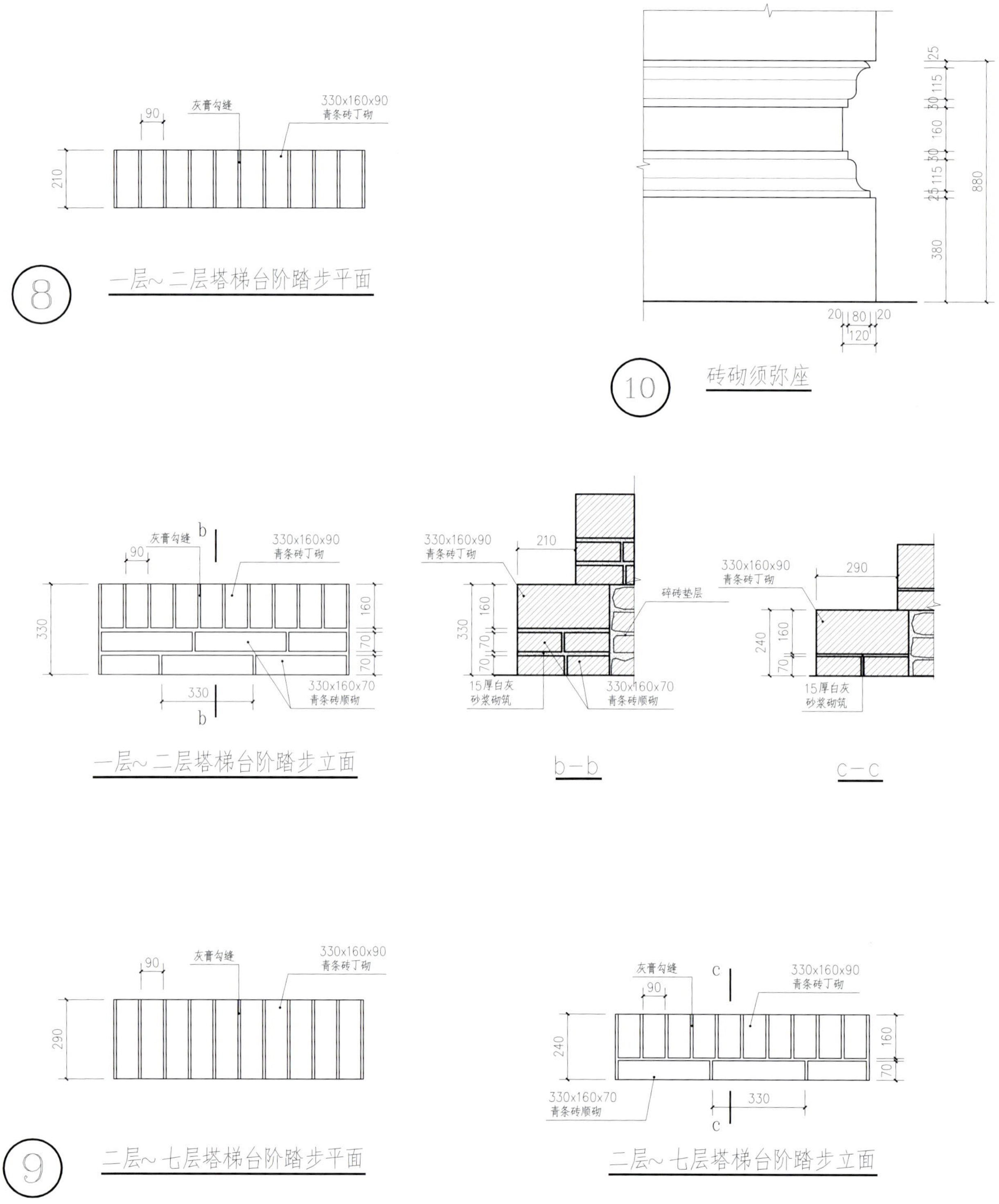

图 19 巽峰塔塔梯踏步详图

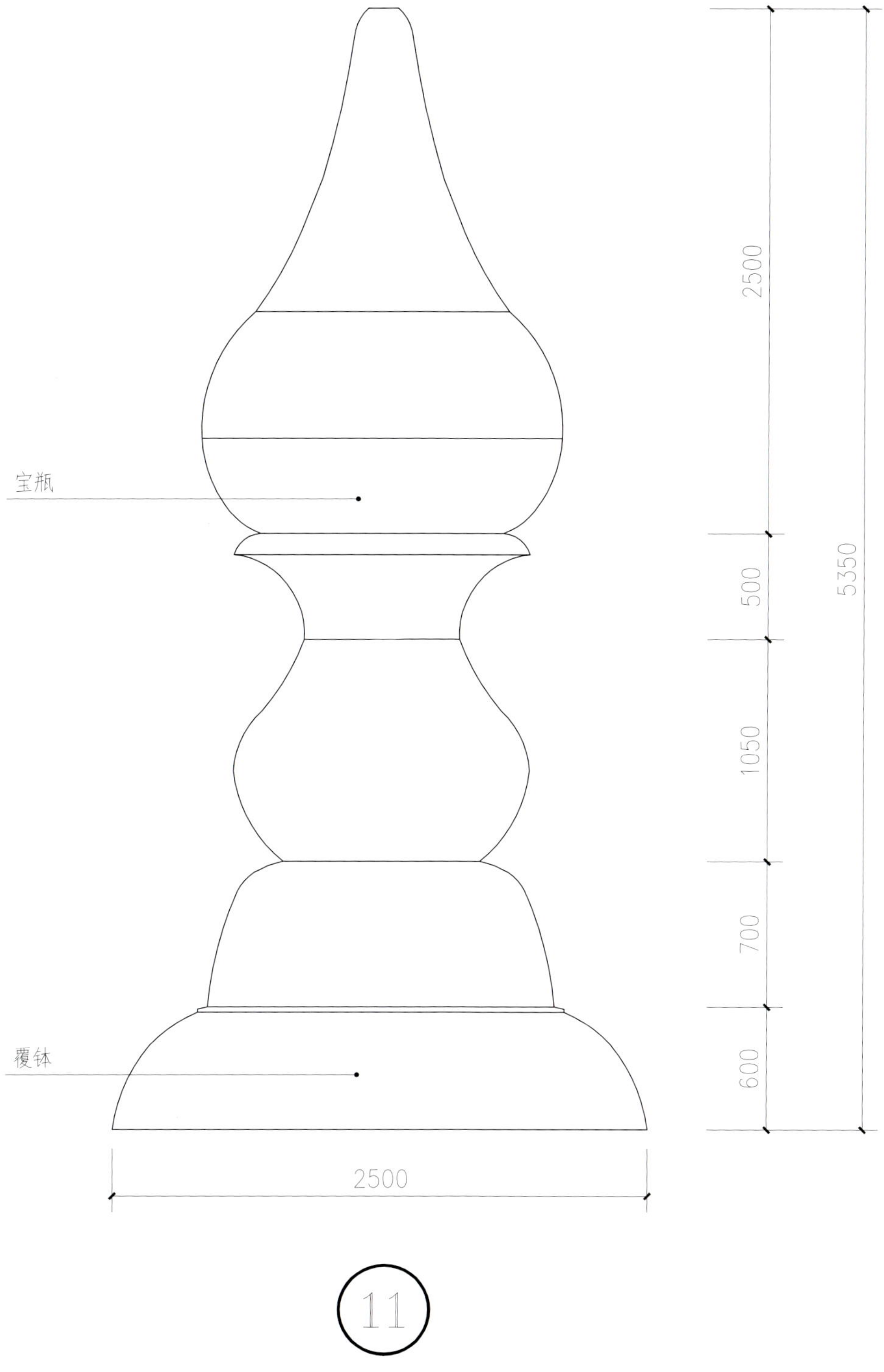

图 20　巽峰塔塔刹详图

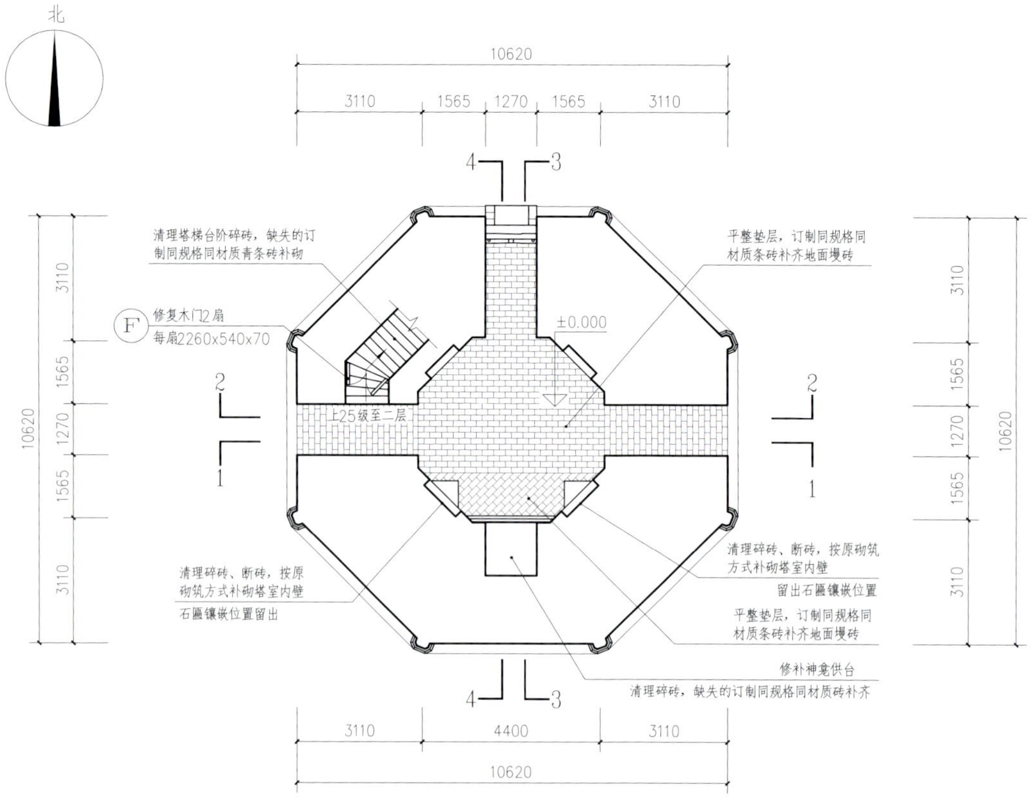

一层平面修缮设计图

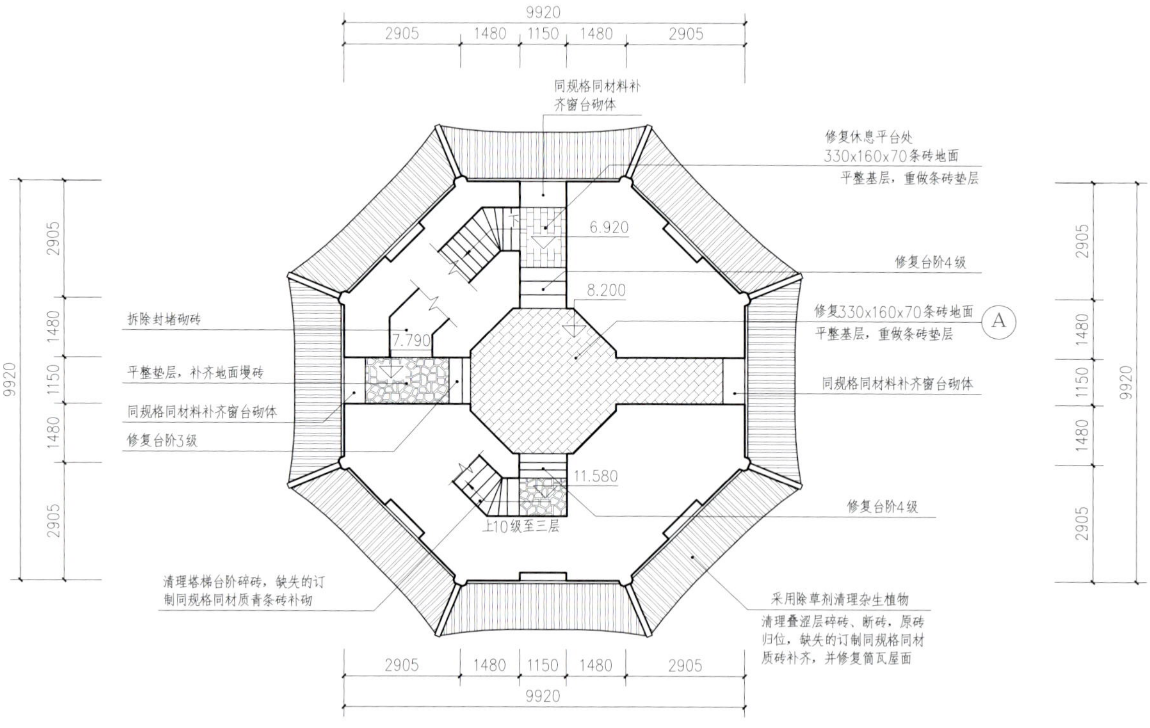

二层平面修缮设计图

图21　巽峰塔一层、二层平面修缮设计图

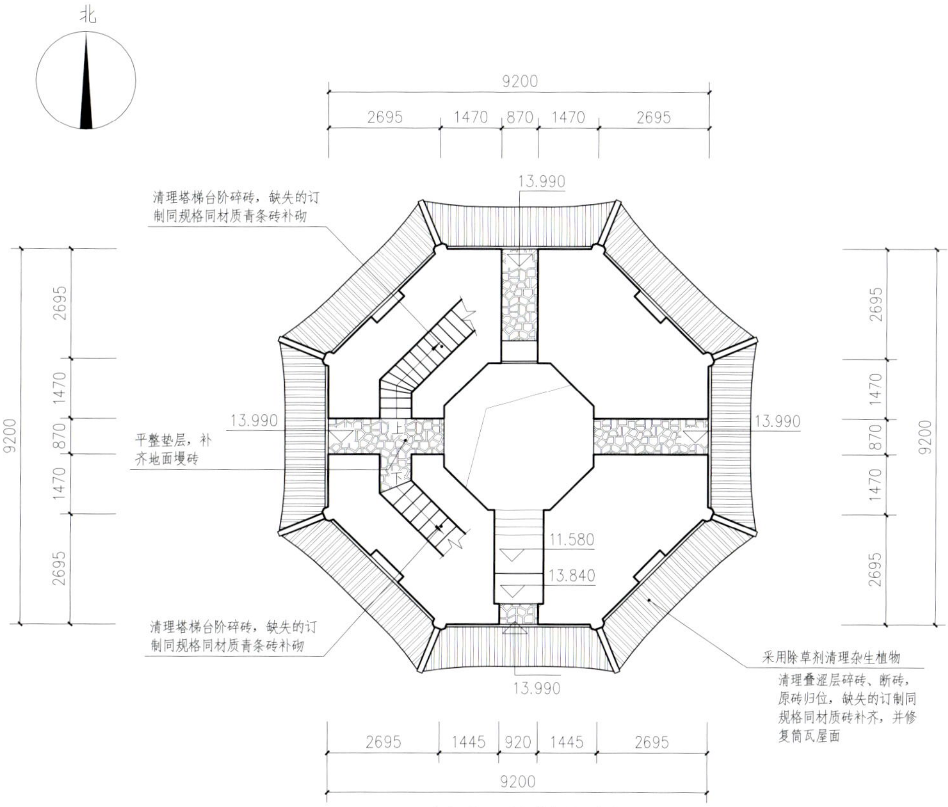

三层平面修缮设计图

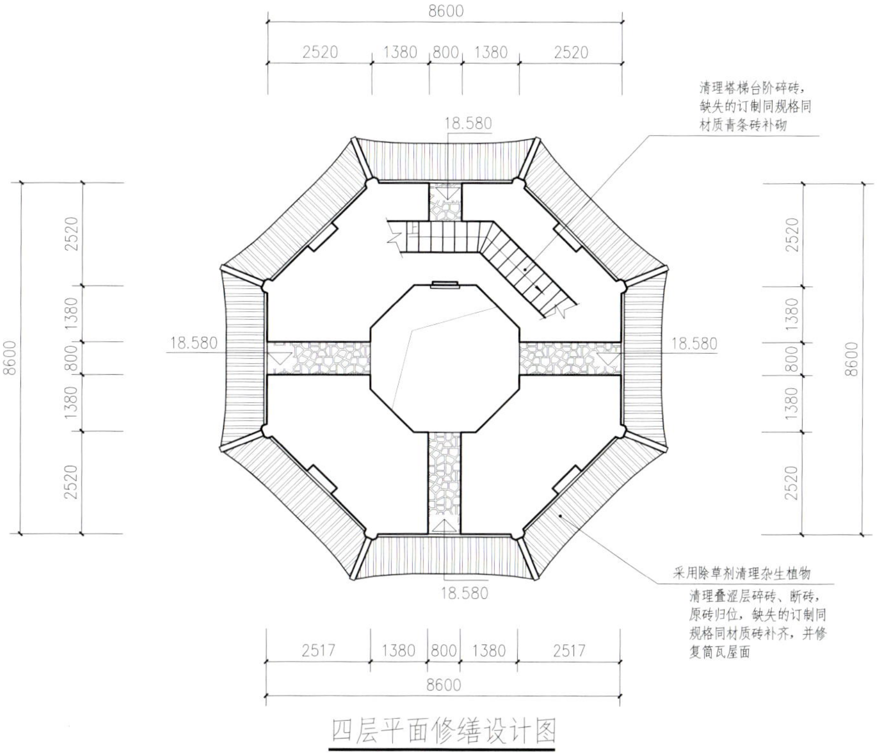

四层平面修缮设计图

图 22　巽峰塔三层、四层平面修缮设计图

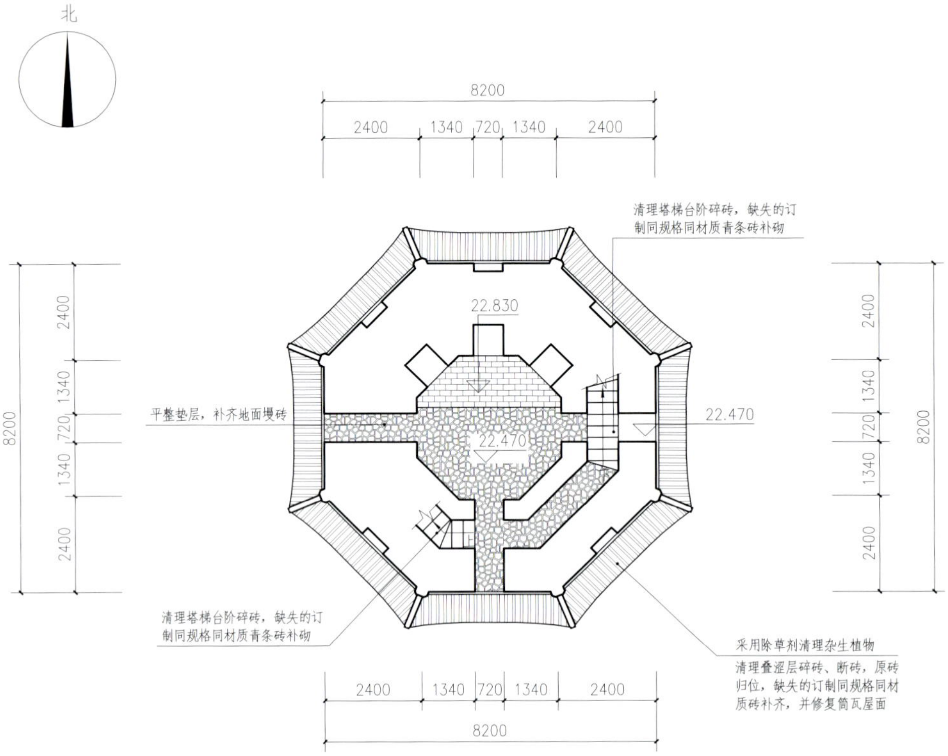

五层平面修缮设计图

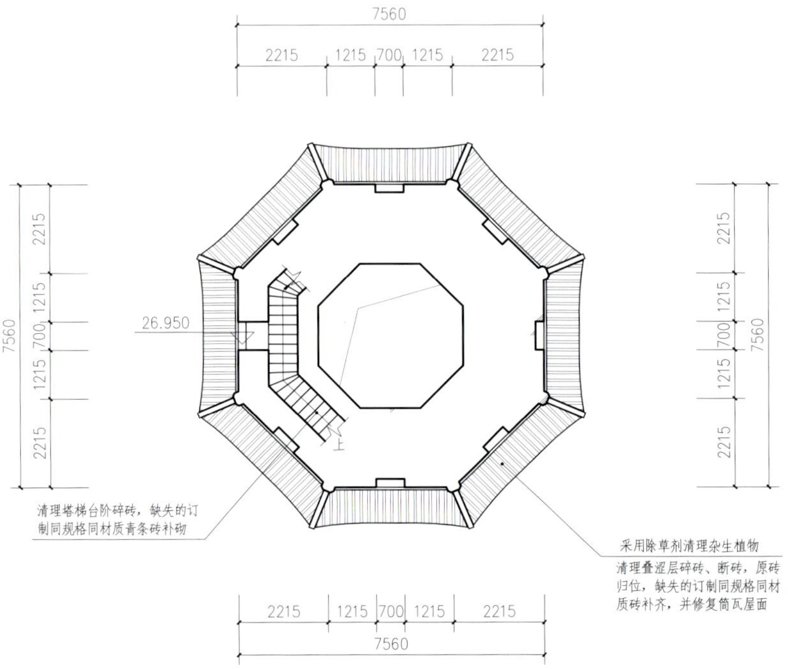

六层平面修缮设计图

图 23　巽峰塔五层、六层平面修缮设计图

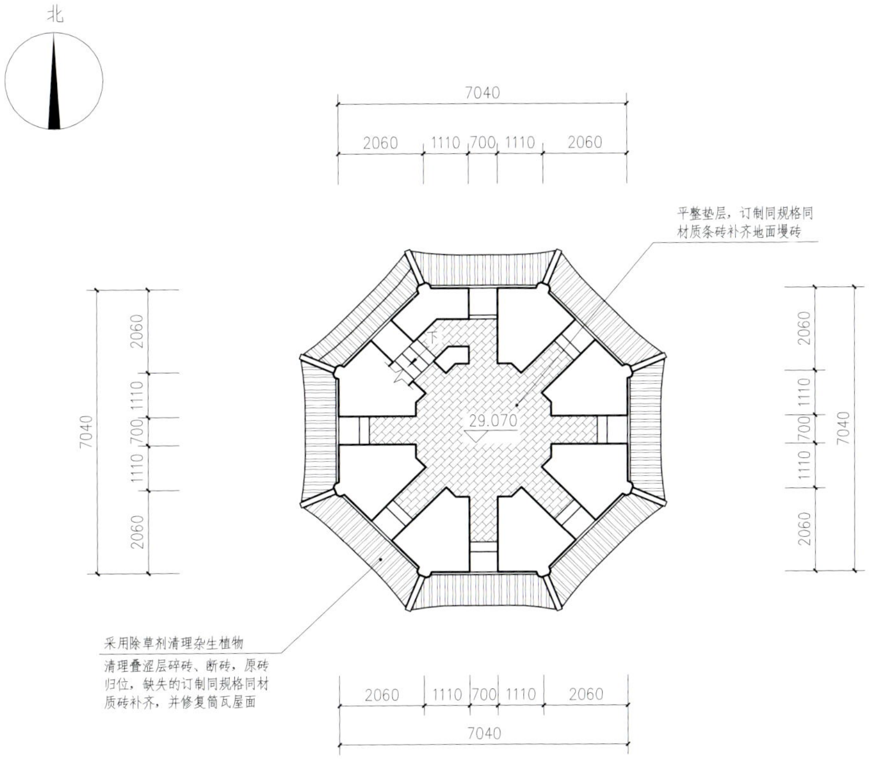

七层平面修缮设计图

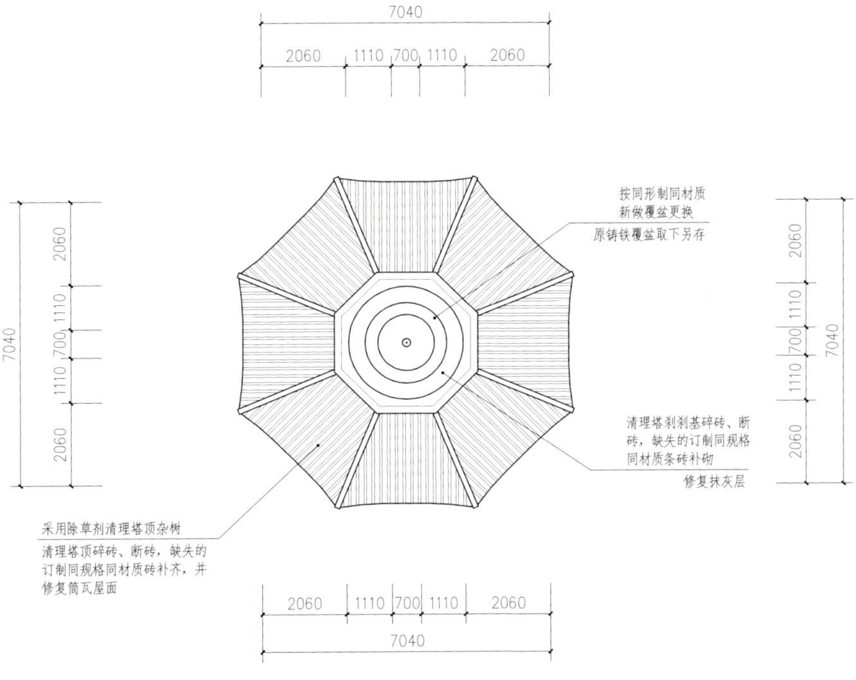

塔顶平面修缮设计图

图 24　巽峰塔七层、塔顶平面修缮设计图

图 25 巽峰塔立面修缮设计图

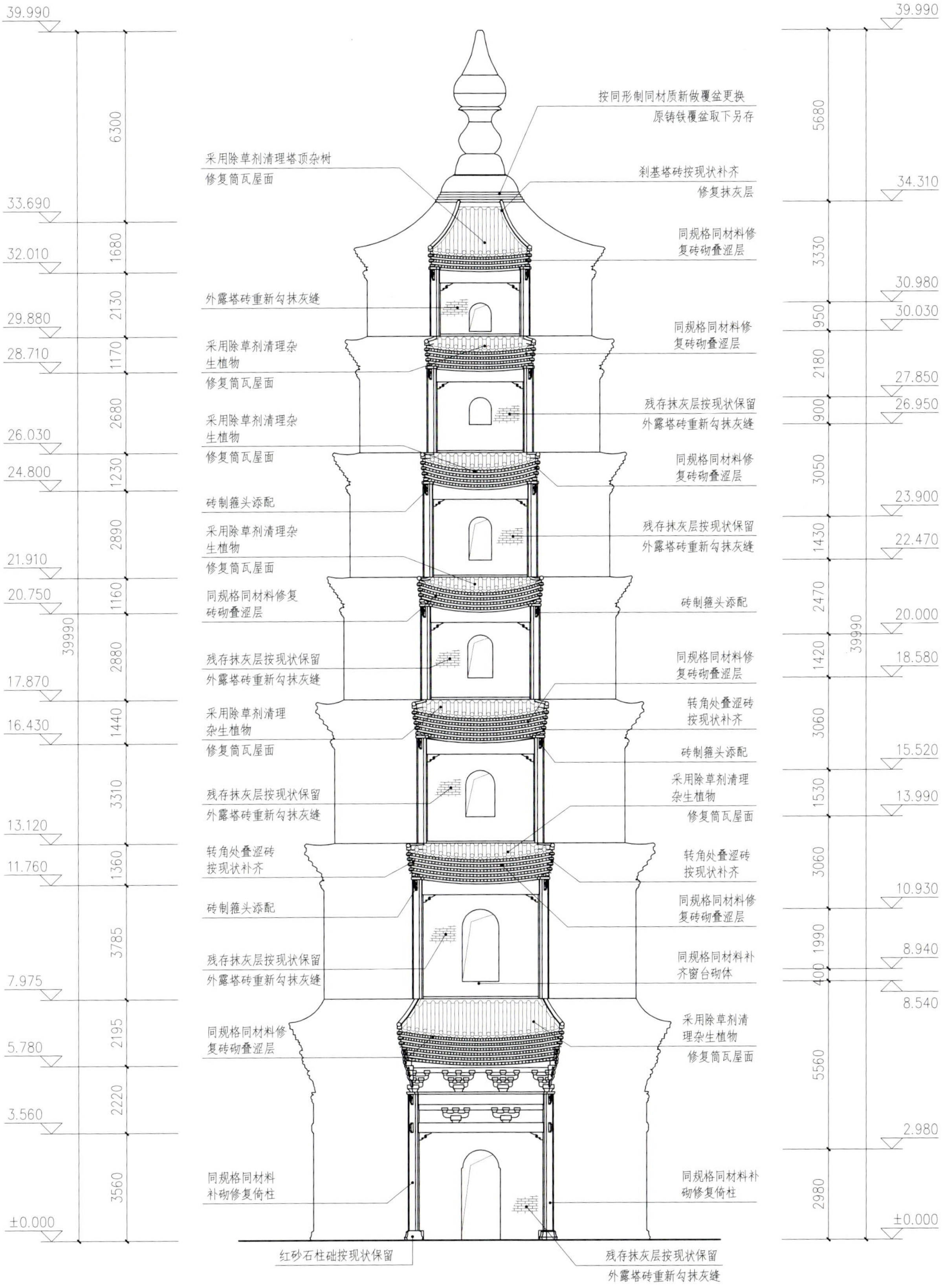

图 26　巽峰塔东立面修缮设计图

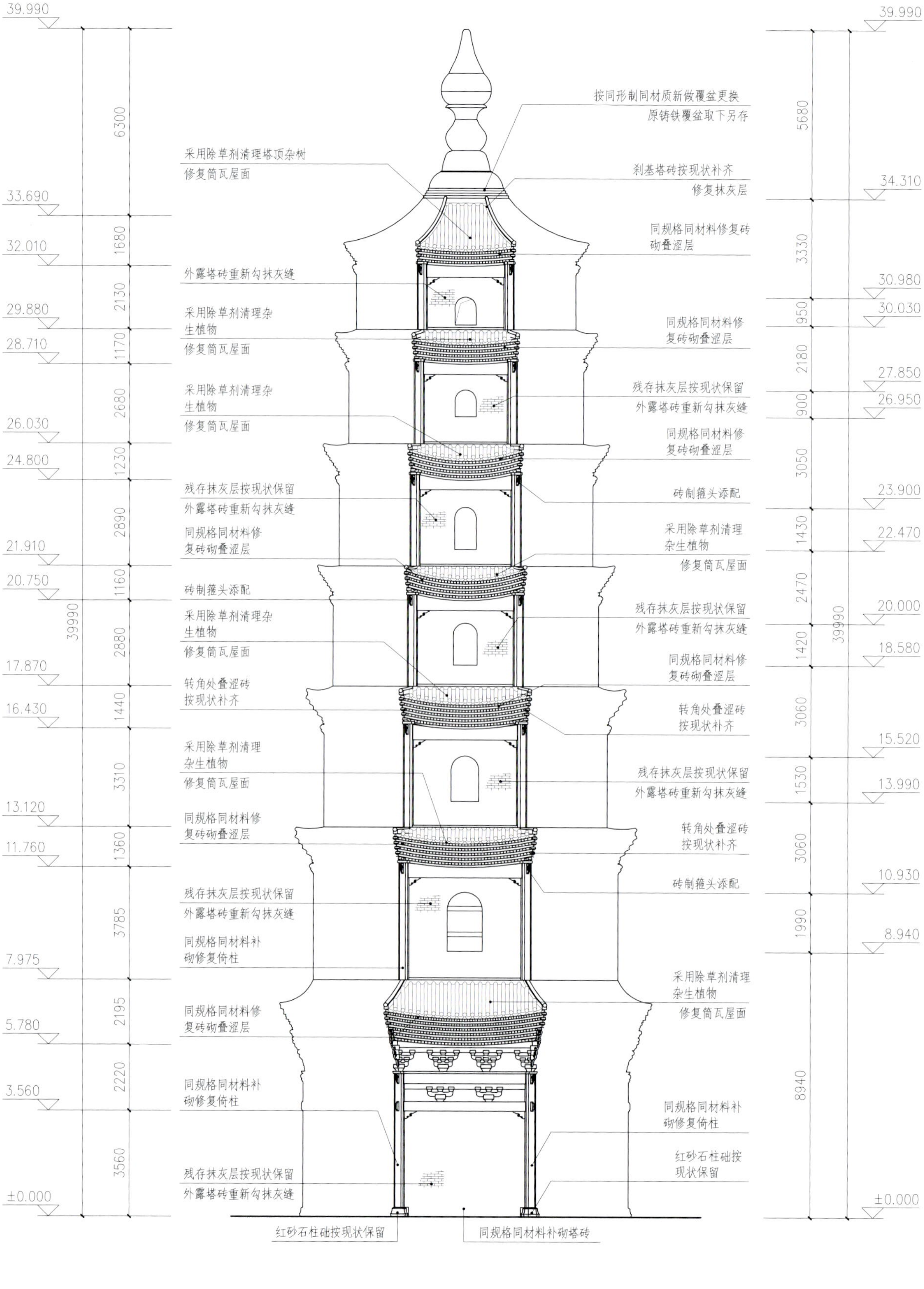

图 27　巽峰塔东南立面修缮设计图

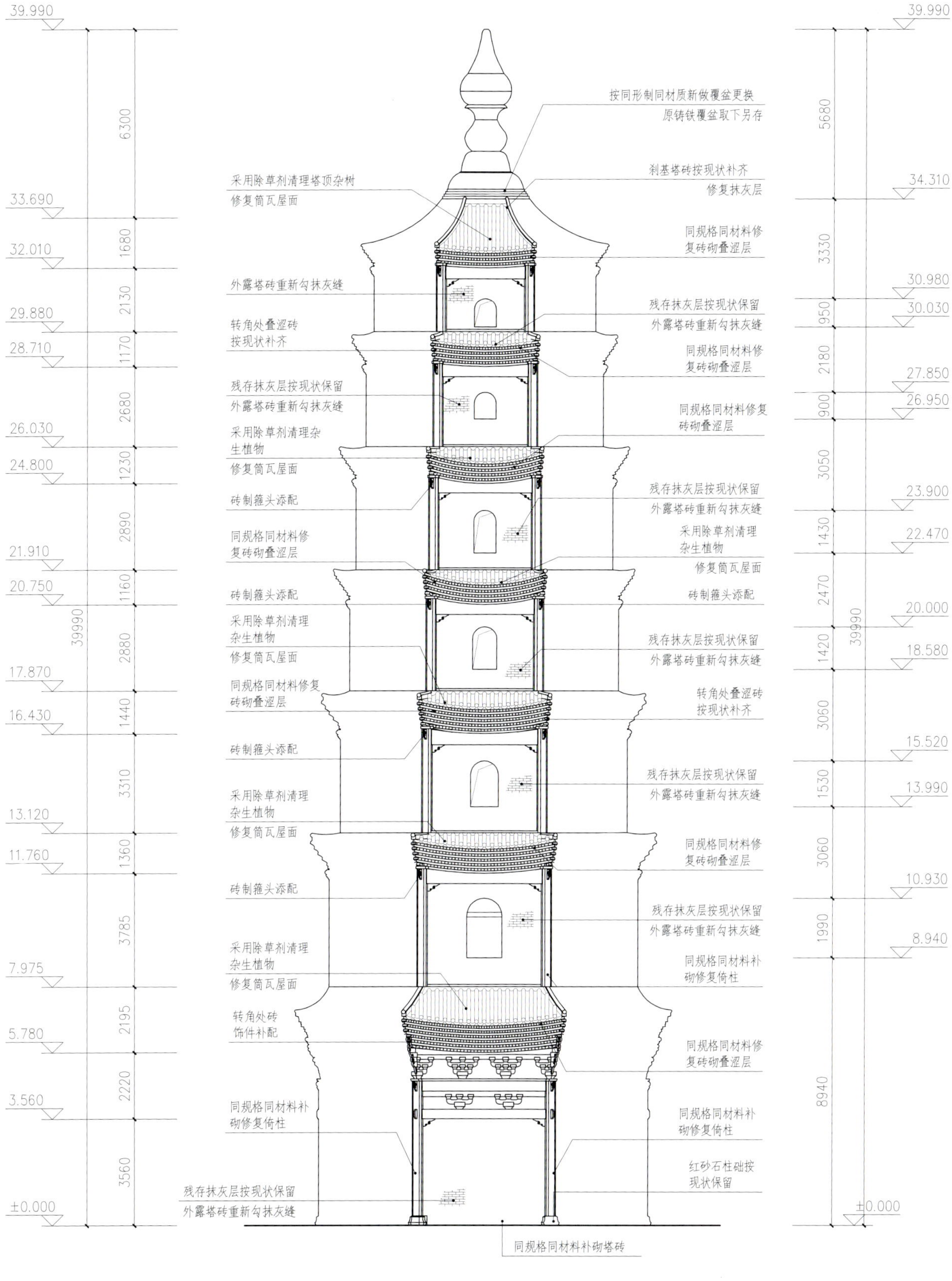

图 28　巽峰塔南立面修缮设计图

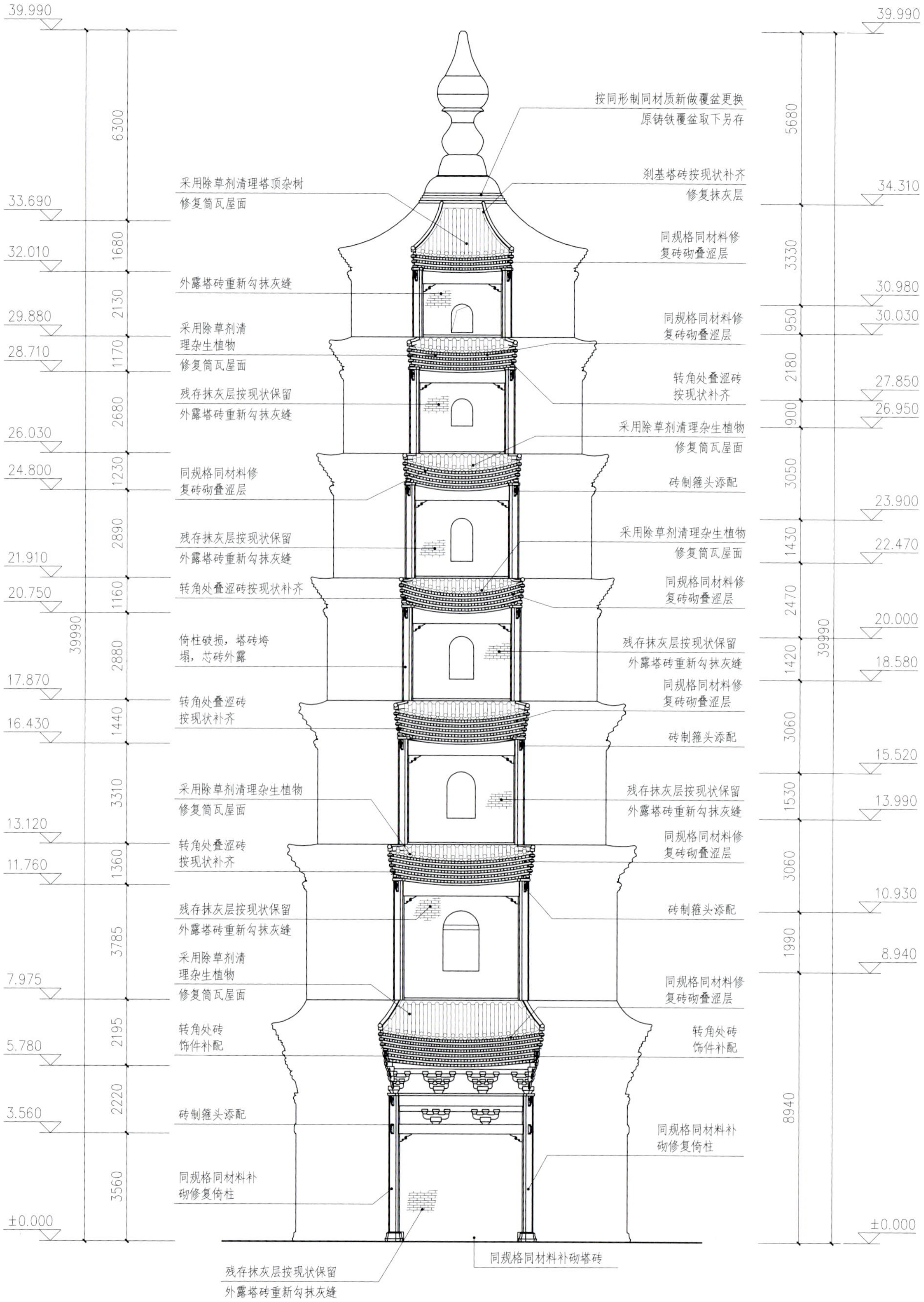

图29 巽峰塔西南立面修缮设计图

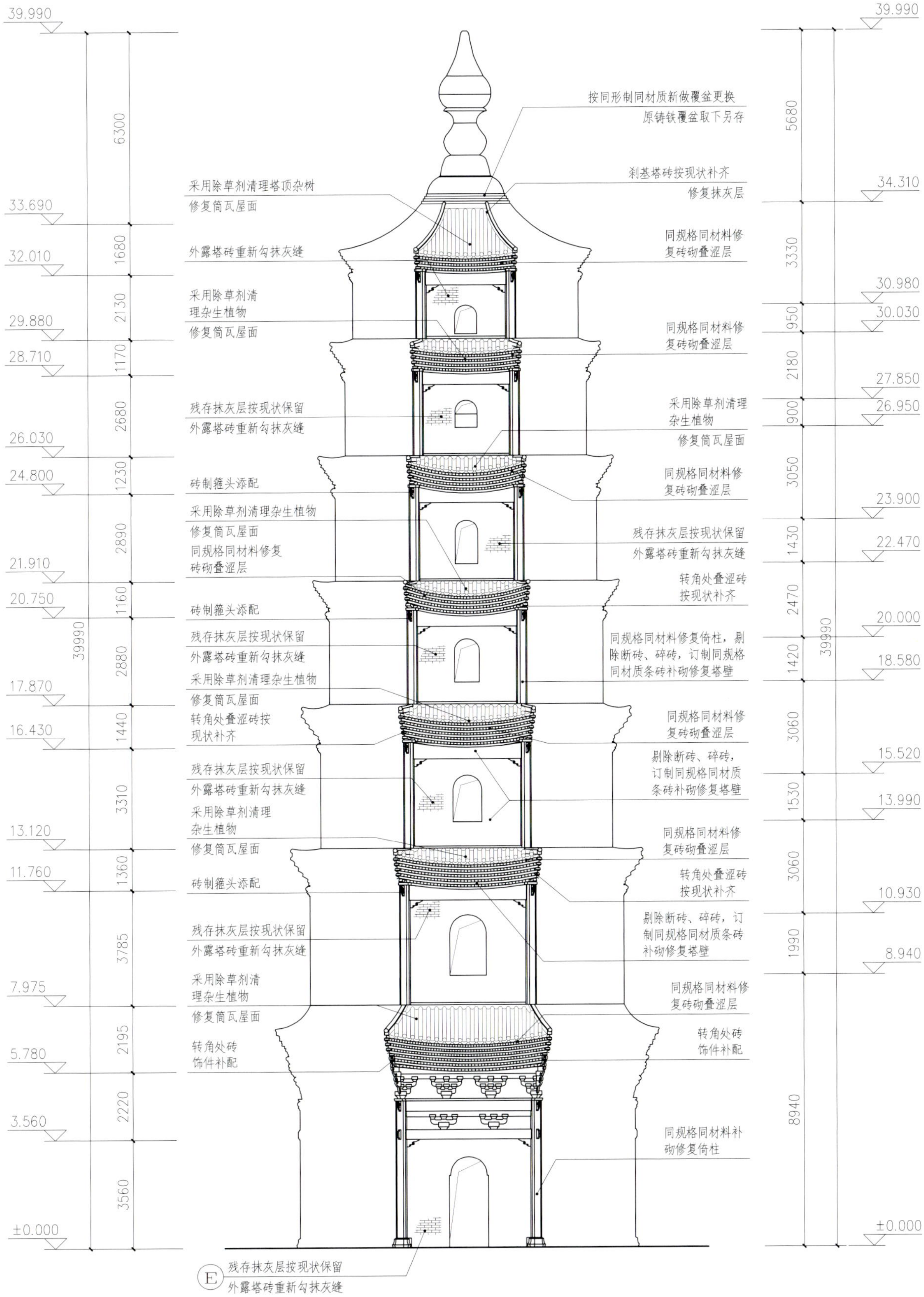

图 30　巽峰塔西立面修缮设计图

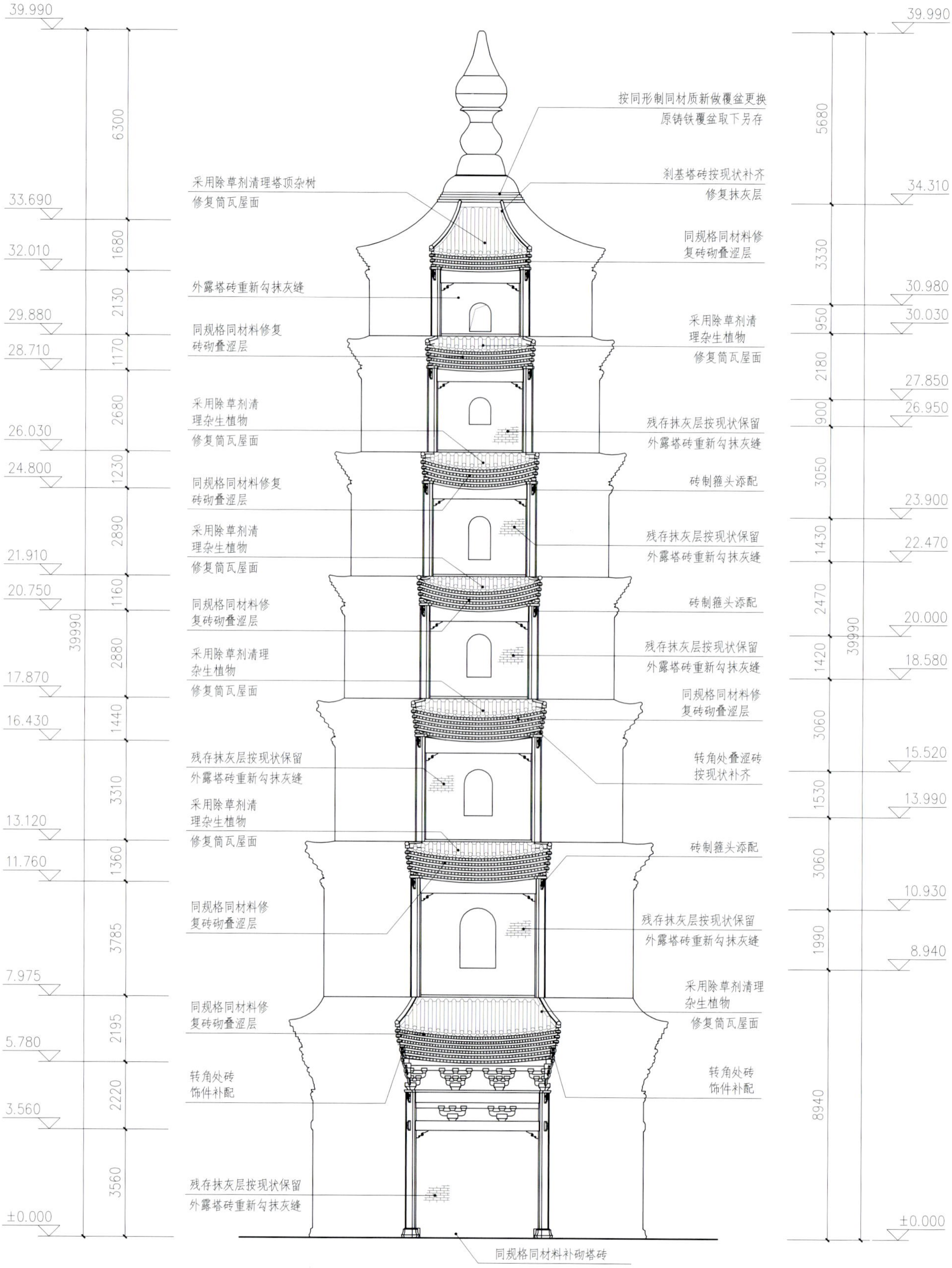

图 31 巽峰塔西北立面修缮设计图

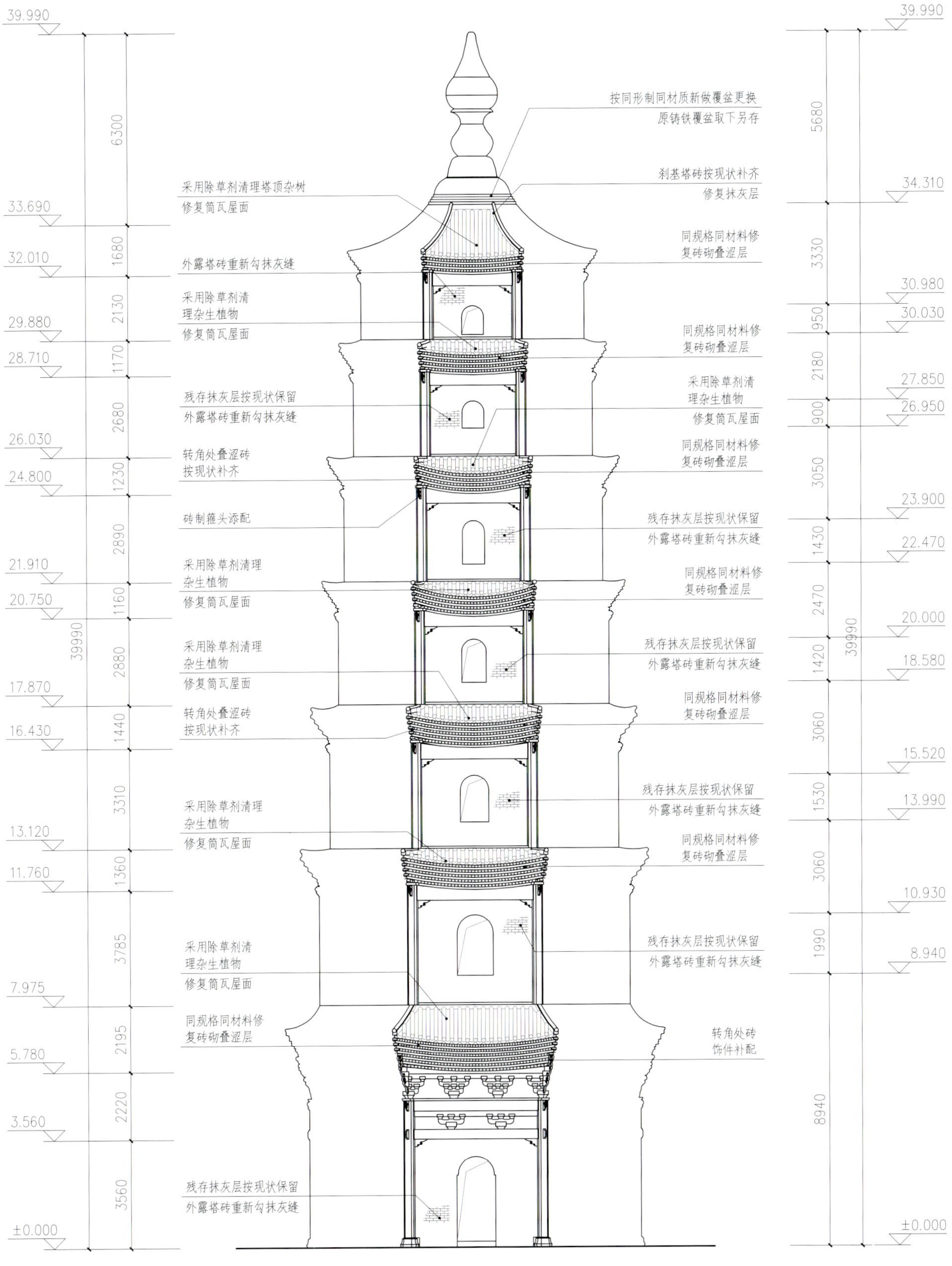

图 32　巽峰塔北立面修缮设计图

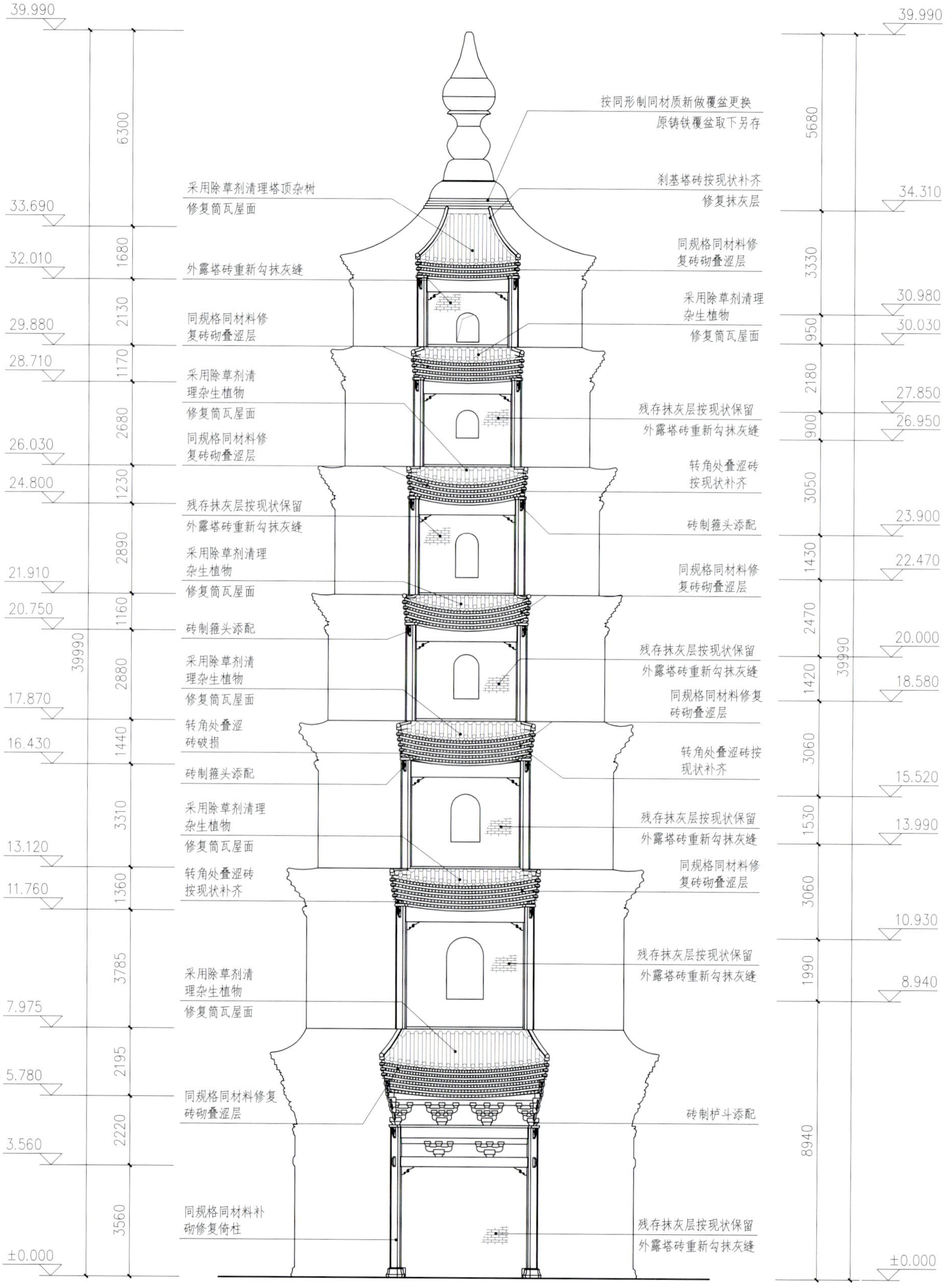

图 33　巽峰塔东北立面修缮设计图

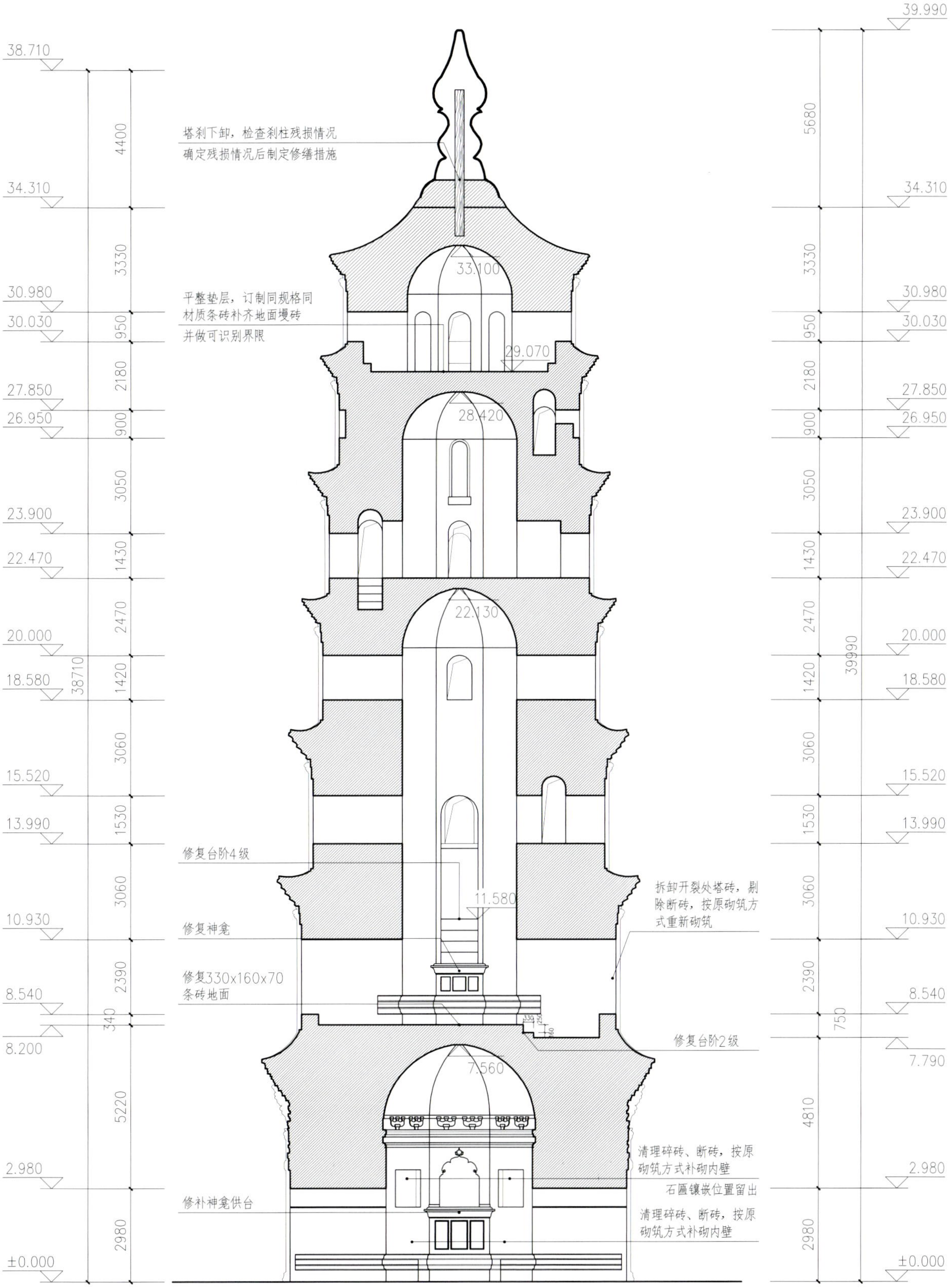

图 34　巽峰塔 1-1 剖面修缮设计图

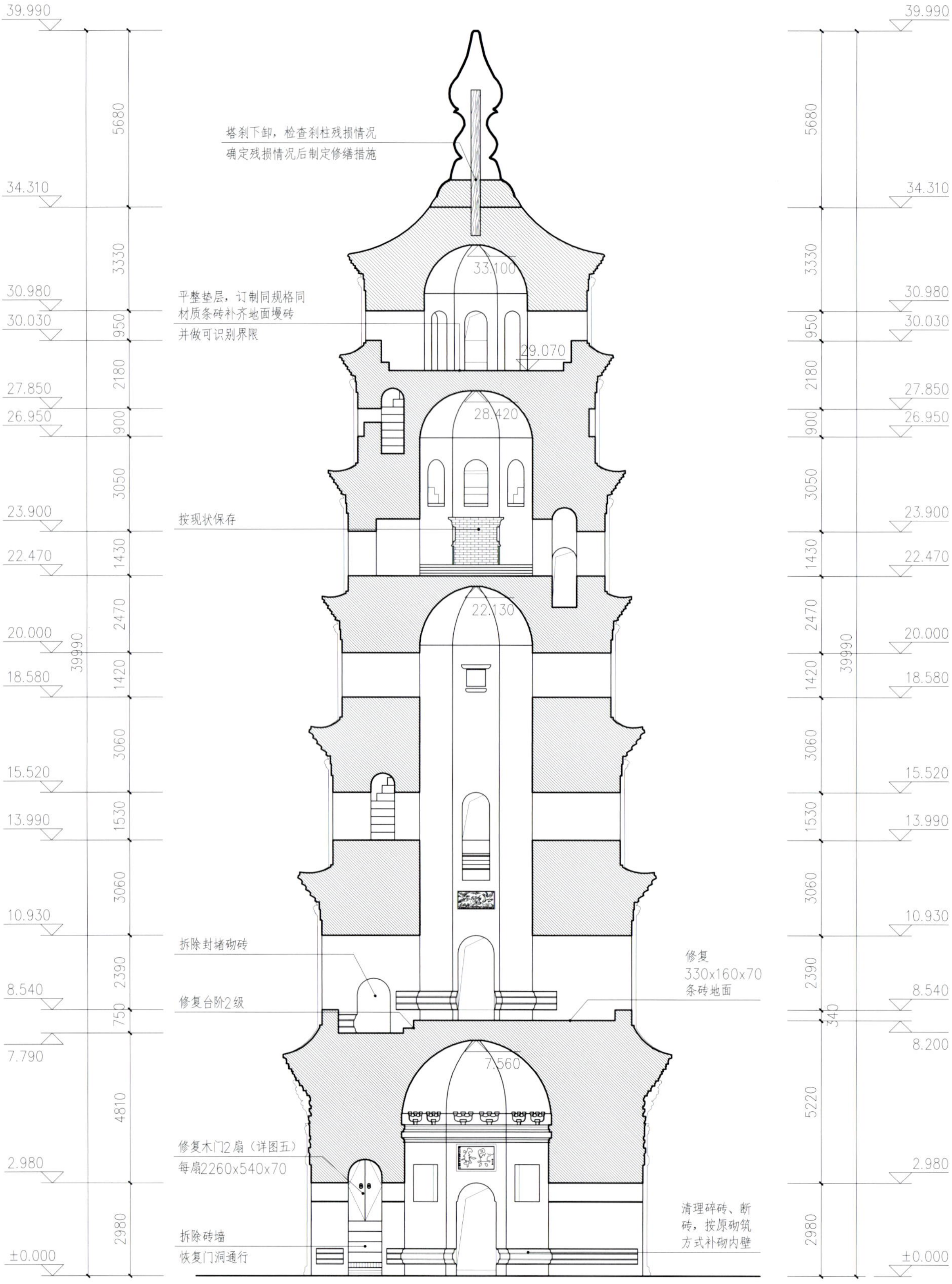

图 35　巽峰塔 2-2 剖面修缮设计图

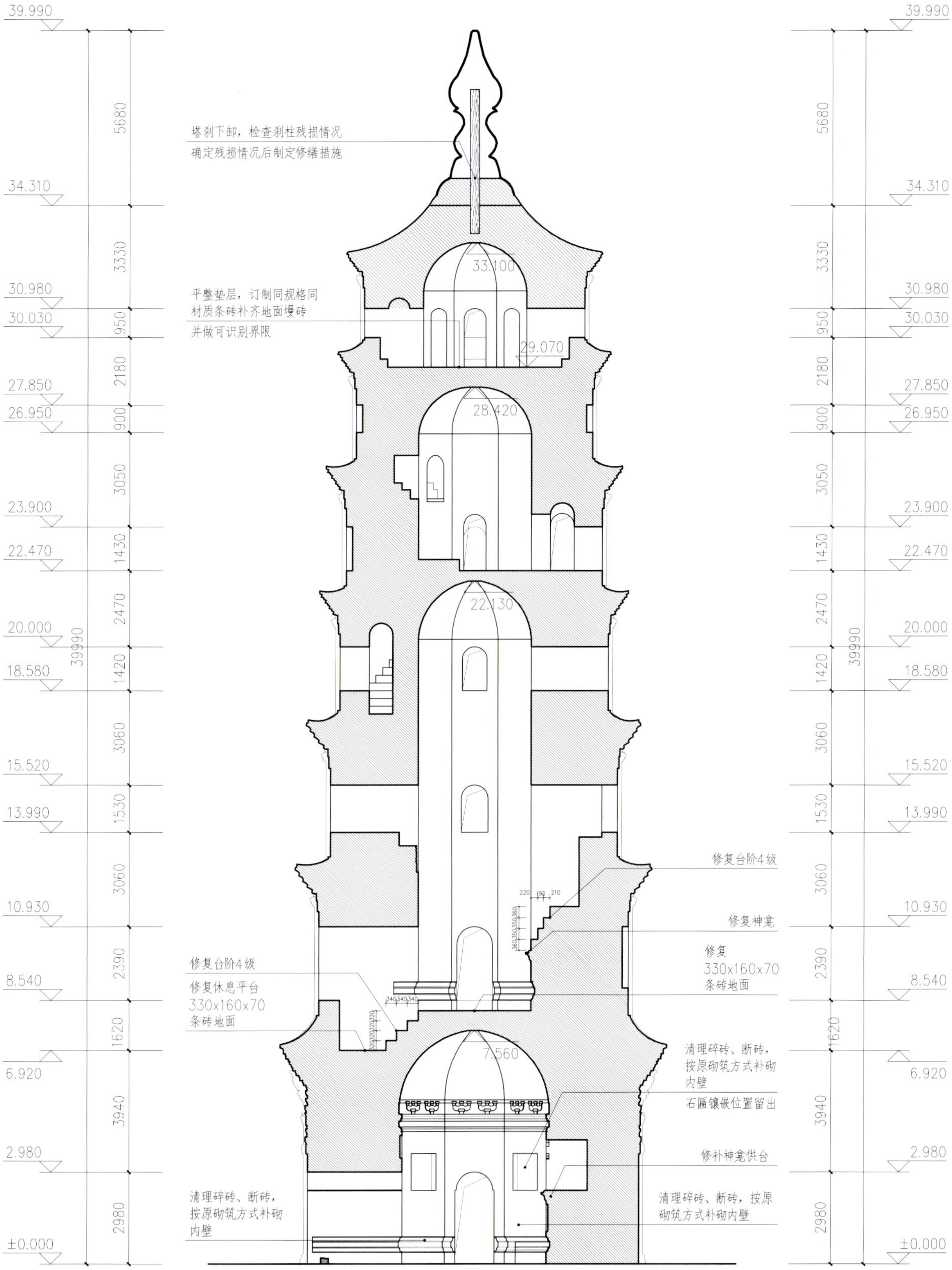

图 36　巽峰塔 3-3 剖面修缮设计图

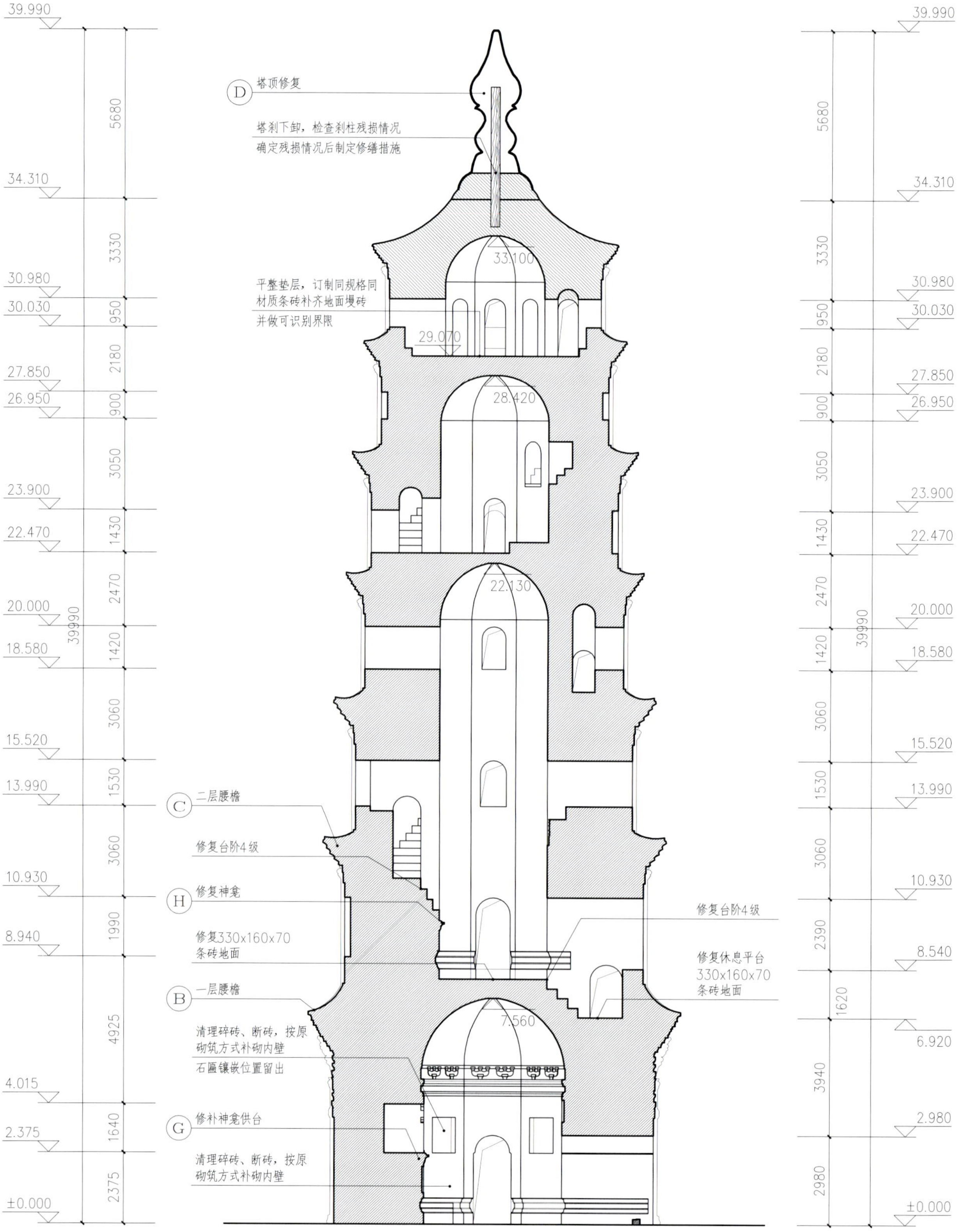

图 37 巽峰塔 4-4 剖面修缮设计图

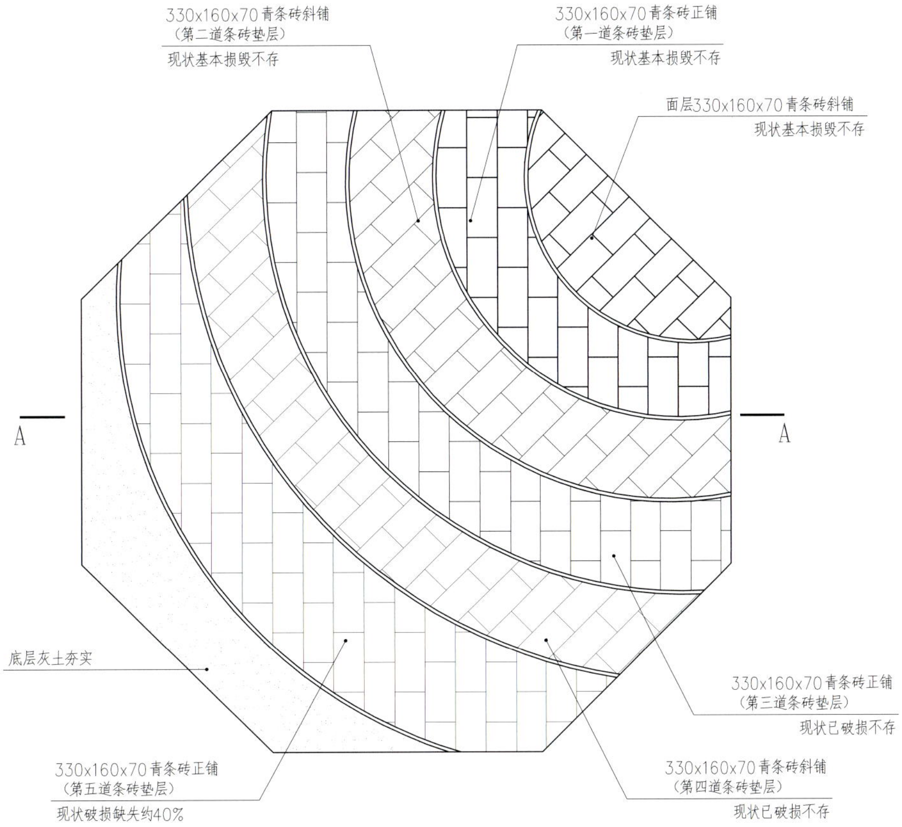

A　二层条砖地面修复

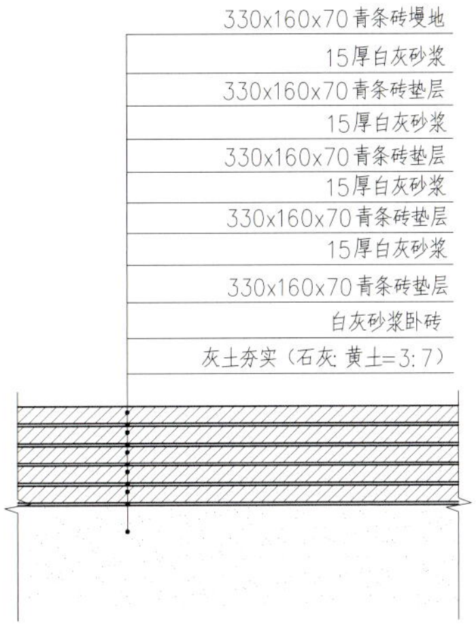

A—A剖面图

图 38　巽峰塔二层砖铺地面修缮设计图

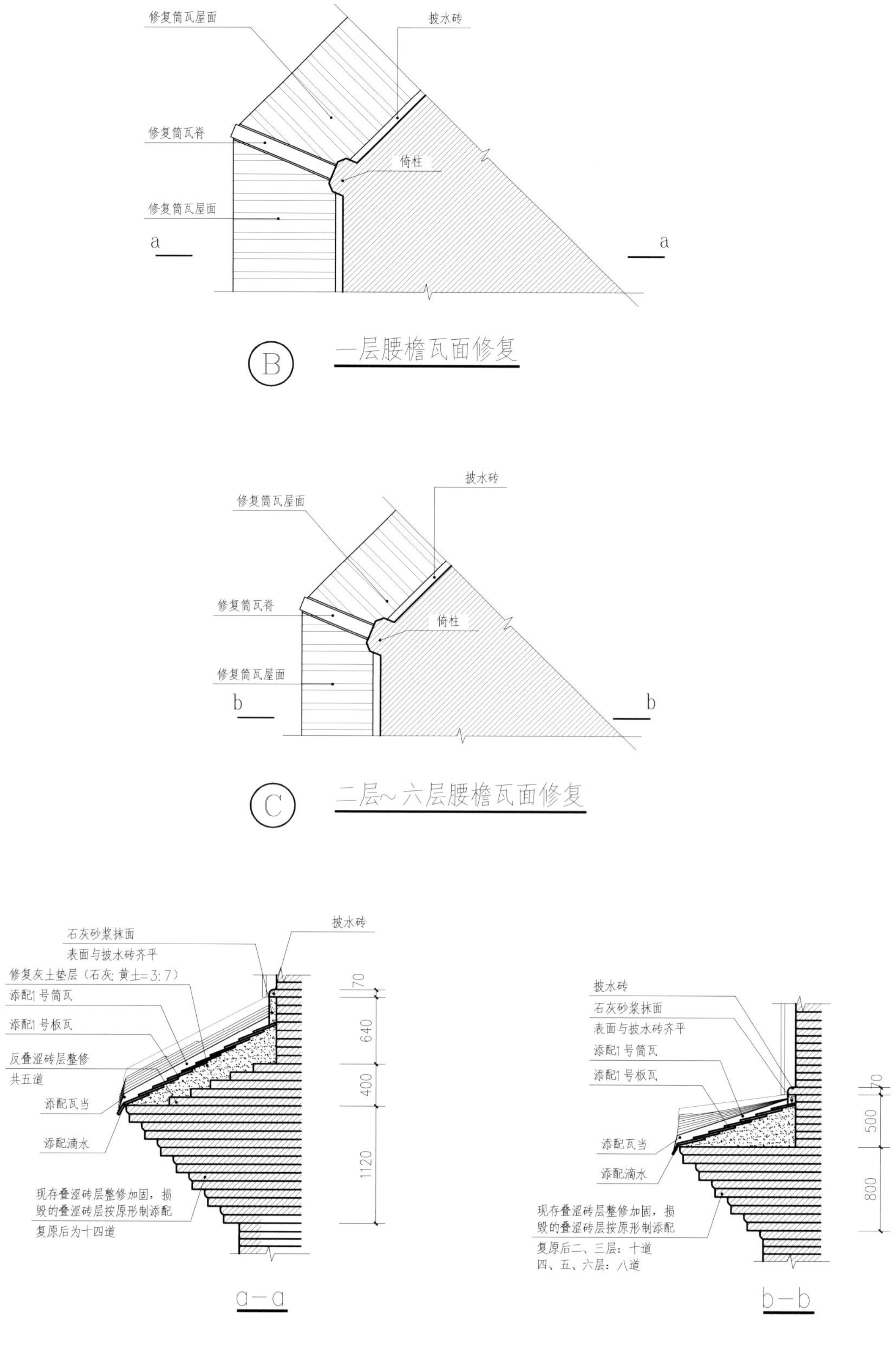

图 39　巽峰塔腰檐瓦面修缮设计图

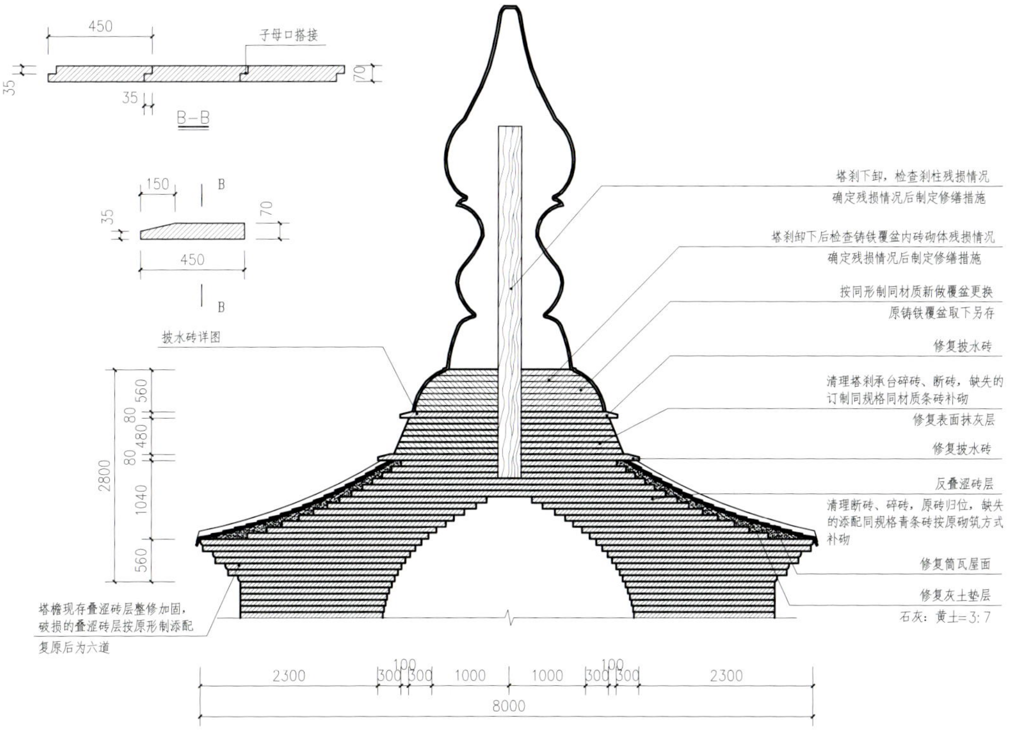

A—A剖面图

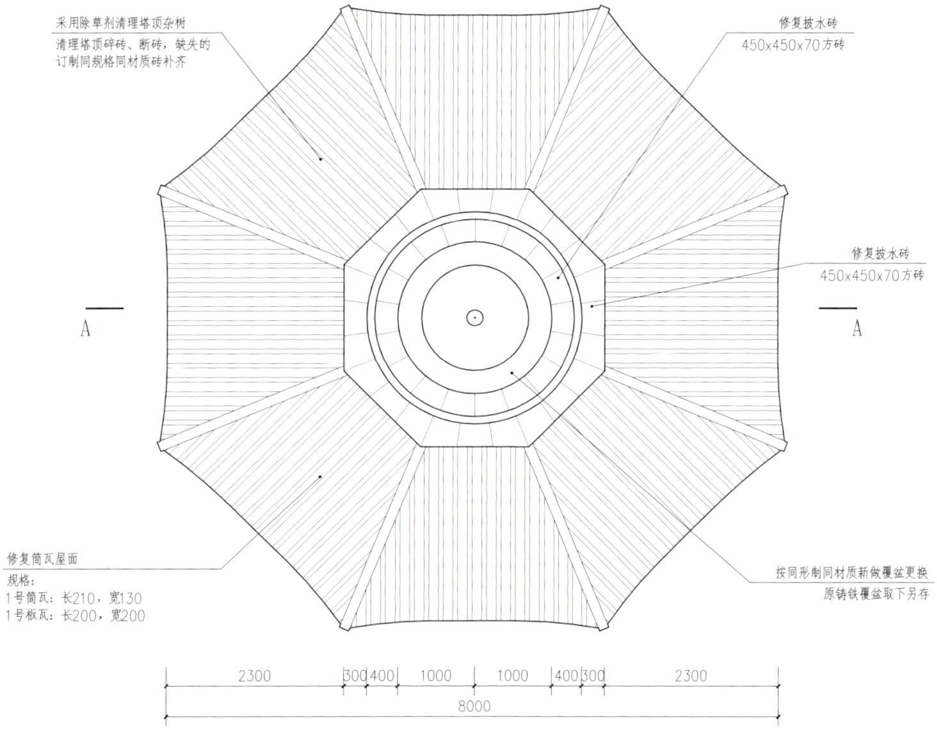

塔顶修复详图

图40　巽峰塔腰檐瓦面修缮设计图

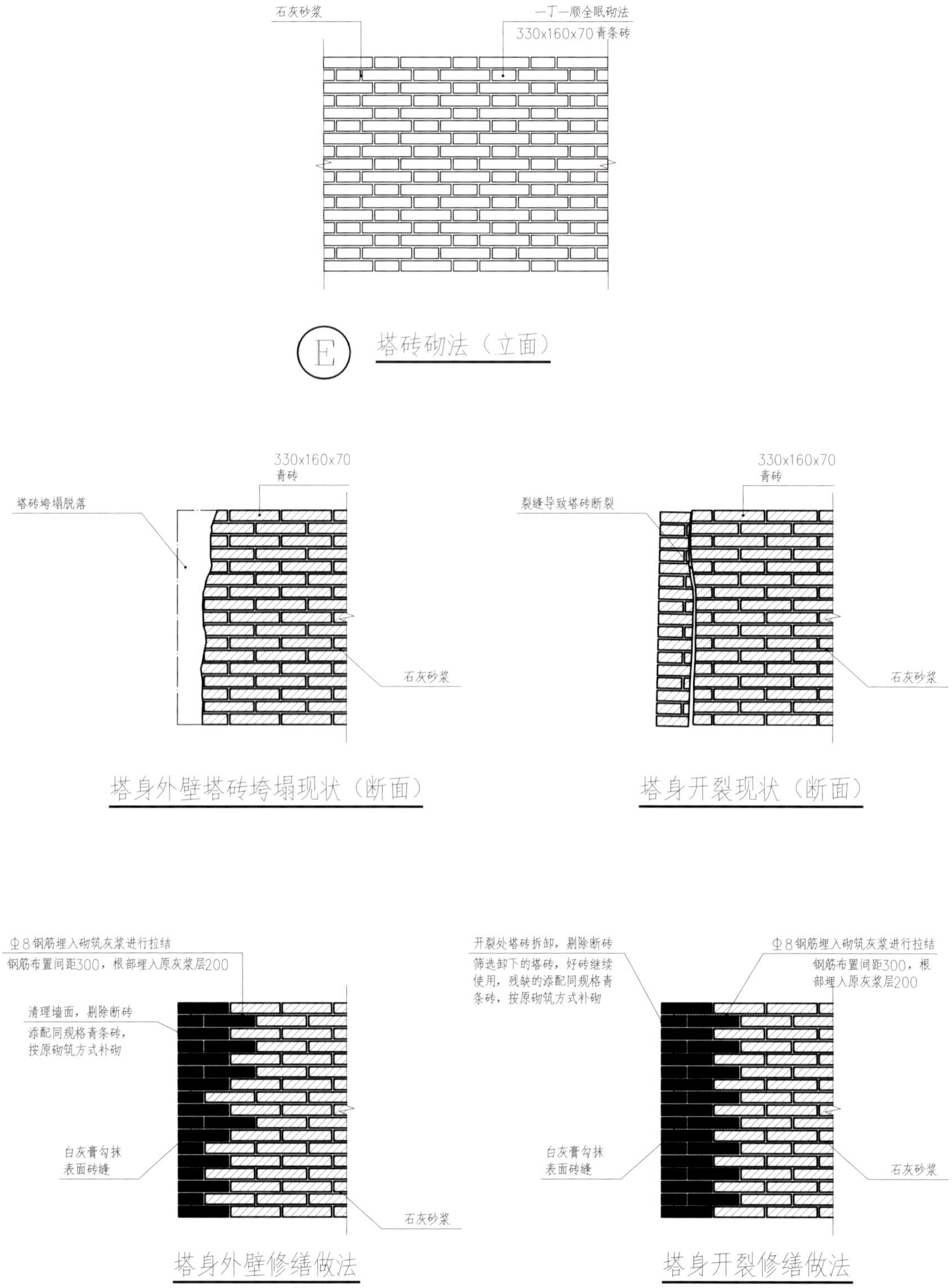

图41　巽峰塔塔壁修缮设计图

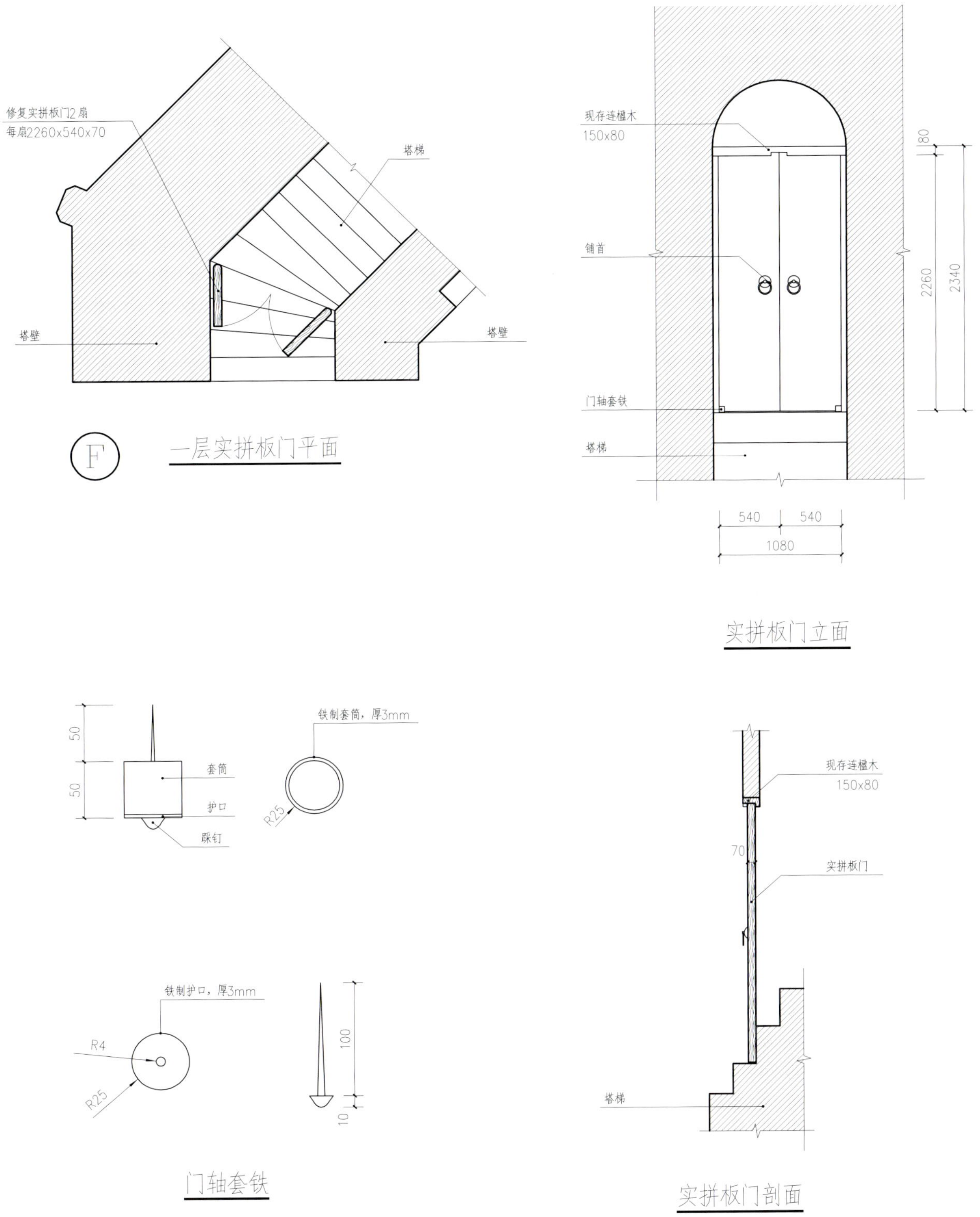

图 42　巽峰塔一层门扇修缮设计图

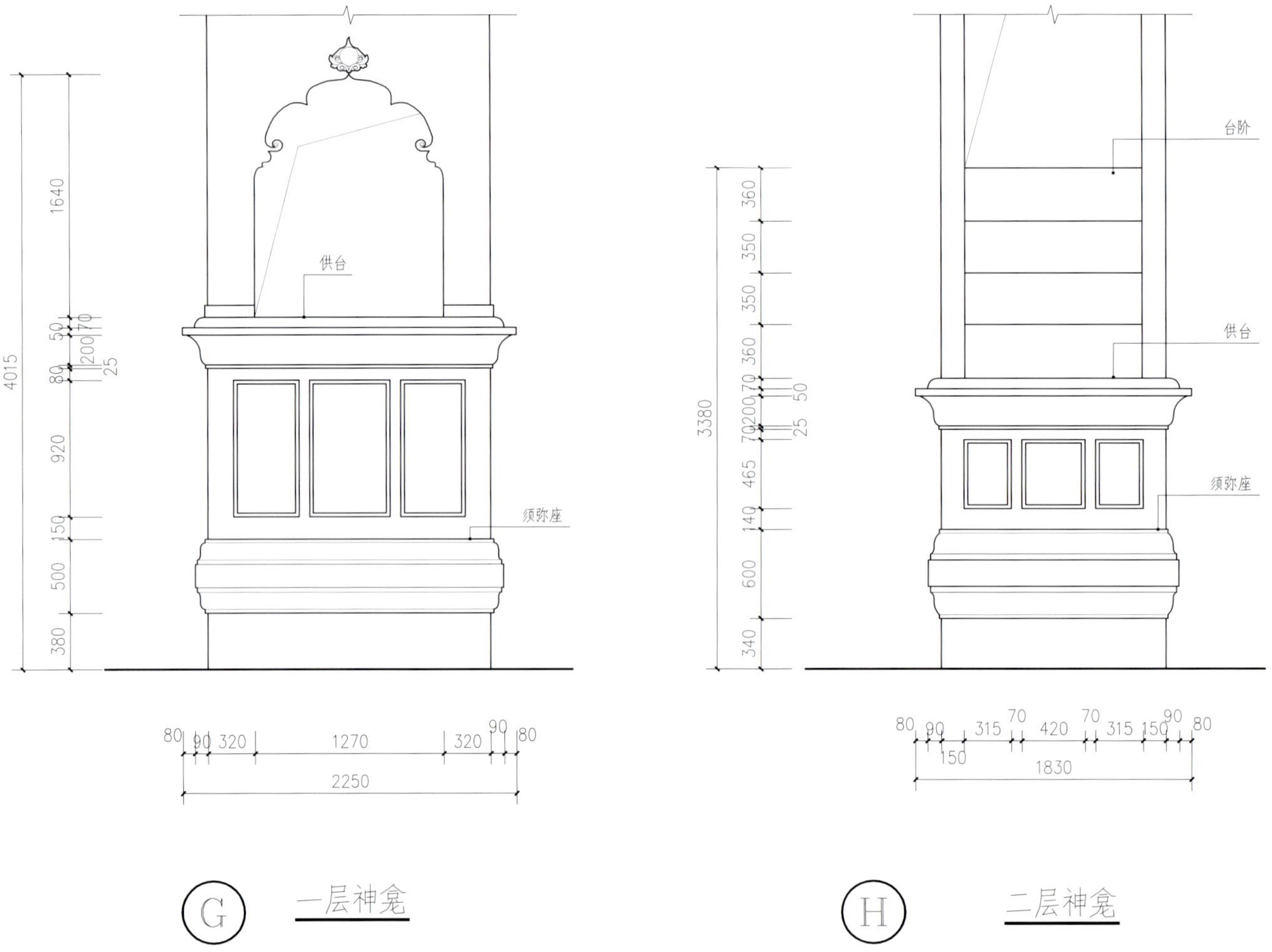

图 43　巽峰塔内神龛修缮设计图

附录二

巽峰塔修缮前后对照

西立面原貌

西立面修缮后

西立面全景

西北面仰视原貌

西北面仰视全景

西北面仰视

一层东南立面墙体、转角扶壁柱原貌

一层东南立面墙体、转角扶壁柱修缮后

一层东南立面墙体、转角扶壁柱

一层上二层塔梯残损状况

一层上二层塔梯修缮后

一层上二层塔梯

一层上至二层休息平台及外窗窗台原貌

一层上至二层休息平台及外窗窗台修缮后

一层上至二层休息平台及外窗窗台

一层塔室北侧原貌

一层塔室北侧修缮后

一层东南立面墙体、转角扶壁柱

一层塔室南侧原貌

一层塔室南侧修缮后

一层塔室南侧

一层腰檐及南立面原貌

一层腰檐及南立面修缮后

一层腰檐及南立面

一层倚柱、柱础原貌

一层倚柱、柱础修缮后

一层倚柱及柱础

二层塔室地面原貌

二层塔室地面修缮后

二层塔室地面

二层塔室东面券门内地面、外窗窗台原貌

二层塔室东面券门内地面、外窗窗台修缮后

二层塔室东面券门内地面、外窗窗台

二层塔室原貌

二层塔室修缮后

二层塔室俯视图

二层塔室神龛及上塔台阶原貌

二层塔室神龛及上塔台阶修缮后

二层塔室神龛及上塔台阶

二层塔室中一层穹顶外露原貌

二层塔室入口及地面修缮后

二层塔室中一层穹顶外露

二层西面墙体开裂

二层西面券门裂缝

二层西面墙体修缮后

二层西面券门裂缝

四层西面墙体原貌

四层西面墙体修缮后

四层西面墙体

内壁残损情况

内壁开裂墙体修缮完成

室内墙体修缮

塔梯原貌

塔梯修缮后

通往五层塔室塔梯俯视

五层东南面墙壁内通道原貌

五层东南面墙壁内通道修缮后

五层东南面墙壁内通道

五层塔室地面原貌

五层塔室地面修缮后

五层塔室地面

五层塔室神龛原貌

五层塔室供台不存

五层塔室修缮后

五层塔室神龛、供台

七层入口处原貌

七层入口处修缮后

七层入口处

七层塔室地面原貌

七层塔室地面修缮后

七层塔室地面

七层塔室东面原貌

七层塔室东面修缮后

七层塔室东面

七层塔梯及开裂墙体

七层塔梯及开裂墙体修缮后

七层塔梯及开裂墙体

塔顶原貌

塔顶修缮后

塔顶平视

塔顶杂草树木茂盛，瓦面不存

塔顶修缮后

塔顶俯视

附录三

黄山市现存古塔名录

黄山市现存古塔名录

序号	名称	年代	地址	保护级别
1	潜口巽峰塔	明	徽州区潜口镇潜口村	省保
2	岩寺文峰塔	明	徽州区岩寺镇东长坦山	国保
3	永丰青山塔	清	黄山区永丰乡杜家村山脊	市保
4	甘棠巽峰塔	清	黄山区甘棠镇	市保
5	西峰寺石塔（残）	唐	歙县许村镇姚村西峰寺后山坡	县保
6	绍濂小溪塔	明	歙县绍濂乡小溪村北	市保
7	新州石塔	南宋	歙县徽城镇新州歙县二中校园内	省保
8	长庆寺塔	北宋	歙县徽城镇西干山下，原长庆院址前	国保
9	万安古城塔	明	休宁县万安镇古城岩明清建筑群内	省保
10	海阳丁峰塔	明	休宁县海阳镇汶溪南岸，玉几山西	省保
11	齐云山石塔	明	休宁县齐云山白云岩西仙人坑附近	县保
12	榆村辛峰塔	明	休宁县榆村乡富溪村西山头	市保
13	万安富琅塔	明	休宁县万安镇富琅村前	省保
14	海阳巽峰塔	明	休宁县海阳镇汶溪南岸，玉几山东	省保
15	万安万峰塔	明	休宁县海阳镇汪溪村塔山山顶	省保
16	柯村旋溪塔	清	黟县柯村乡三合村孙村	市保
17	碧阳云门塔	清	黟县碧阳镇碧山村	市保
18	祁门伟溪塔	北宋	祁门县胥岭乡塔下村	省保
19	凫峰东皋塔	明	祁门县凫峰乡赤桥村	市保
20	祁山文峰塔	明	祁门县祁山镇凤凰山顶	县保

全市现存古塔20座，唐代1座（仅存残件），宋代3座，明代12座，清代4座，其中黄山区2座，徽州区2座，歙县4座，休宁县7座，黟县2座，祁门县3座。

1. **潜口巽峰塔**

别名：下詹塔、文峰塔、潜口锥；
地点：徽州区潜口镇潜口村；
功能：水口 - 风水类；
年代：明嘉靖二十三年（1544 年）建；
人物：汪道植倡建；
高度：39.9 米；
形制：八角七层砖塔；
级别：安徽省文物保护单位。

2. **岩寺文峰塔**

别名：水口神皋、文峰塔、文几塔、凤塔、雁塔；
地点：徽州区岩寺镇东长坦山上；
功能：水口 - 风水 / 佛塔类；
年代：明嘉靖三十四年（1555 年）建；
高度：54 米；
形制：八角七层楼阁式砖塔；
级别：全国重点文物保护单位。

3. **永丰青山塔**

地点：黄山区永丰乡杜家村山脊；
功能：水口 - 风水类；
年代：明弘治二年（1489 年）建；
高度：平面呈六角形，高 16.7 米；
形制：五层楼阁式砖塔；
级别：黄山市文物保护单位。

4. **甘棠巽峰塔**

地点：黄山区甘棠镇；
功能：水口 - 风水类；
年代：清顺治十年（1653 年）建；
规格：高 10.5 米，底座主基直径 3.7 米；
形制：三层砖塔；
级别：黄山市文物保护单位。

5. **西峰寺石塔（残）**

地点：歙县许村镇姚村西峰寺后山坡；
功能：佛塔类；
年代：不详（三普登记为唐）；
高度：塔身近3米；
形制：覆钵式石塔；
完残：断为四节散落地上；
级别：歙县文物保护单位。

6. 绍濂小溪塔

别名：多宝塔；
地点：歙县绍濂乡小溪村北；
功能：水口 - 风水类；
年代：明天启年间建；
人物：旌表项沐乐善好施；
高度：残高约 20 米；
形制：八角七层（现存四层）楼阁式砖塔；
级别：黄山市文物保护单位。

7. 新州石塔

原名：大圣菩萨宝塔；
地点：歙县徽城镇新州歙县二中校园内；
功能：佛寺塔；
年代：宋建炎三年（1129 年）建；
人物：当地程氏弟子捐资兴建；
高度：4.6 米；
形制：八角七层（现存五层）楼阁式石塔；
级别：安徽省文物保护单位。

8. **长庆寺塔**

别名：十寺塔；
地点：歙县徽城镇西干山下，原长庆院址前；
功能：佛寺塔；
年代：宋宣和三年（1121 年）建；
人物：张应周倡建；
高度：23.1 米；
形制：四角七层楼阁式砖木混合塔；
级别：全国重点文物保护单位。

9. **万安古城塔**

别名：万寿塔；
地点：休宁县万安镇古城岩明清建筑群内；
功能：水口 - 风水类；
年代：明嘉靖初建；
高度：29.6 米；
形制：六角七层楼阁式砖塔；
级别：安徽省文物保护单位。

10. **海阳丁峰塔**

别名：停风塔、下汶溪塔；
地点：休宁县海阳镇汶溪南岸，玉几山西；
功能：水口 - 风水类；
年代：明嘉靖二十三年（1544 年）建；
高度：30 米；
形制：六角五层楼阁式实心砖塔；
级别：安徽省文物保护单位。

11. 齐云山石塔

地点：休宁县齐云山白云岩西仙人坑附近；
功能：佛塔；
年代：明；
高度：3.5 米；
形制：六角六层红砂石砌塔；
级别：休宁县文物保护单位。

12. **榆村辛峰塔**

俗名：榆村塔；
地点：休宁县榆村乡富溪村西山头；
功能：水口 - 风水类；
年代：万历二十六年（1598 年）建；
人物：程爵倡建；
高度：35 米；
形制：六角七层楼阁式砖塔；
级别：黄山市文物保护单位。

13. **万安富琅塔**

别名：水口神皋；
地点：休宁县万安镇富琅村前；
功能：水口 - 风水类；
年代：明万历二十四年（1596 年）建；
人物：邵庶倡建；
高度：残高 17 米；
形制：八角七层（现存四层）楼阁式砖塔；
级别：安徽省文物保护单位。

14. **海阳巽峰塔**

地点：休宁县海阳镇汶溪南岸，玉几山东；
功能：水口 - 风水类；
年代：明隆庆元年（1567 年）建；
高度：35 米；
形制：八角七层楼阁式砖塔；
级别：安徽省文物保护单位。

15. **万安万峰塔**

地点：休宁县海阳镇汪溪村塔山山顶；
功能：水口 - 风水类；
年代：明嘉靖年间；
高度：高约 20 米，底层高 2.7 米；
形制：六角五层楼阁式砖塔；
级别：安徽省文物保护单位。

16. **柯村旋溪塔**

俗称：三都宝塔；
地点：黟县柯村乡三合村孙村；
功能：水口 - 风水类；
年代：清乾隆元年（1736 年）建；
高度：18.9 米；
形制：六角五层楼阁式砖塔；
级别：黄山市文物保护单位。

17. **碧阳云门塔**

俗称：三都宝塔；
地点：黟县碧阳镇碧山村；
功能：水口 - 风水类；
年代：清乾隆四十七年（1782 年）建；
高度：36.4 米；
形制：六角五层楼阁式砖塔；
级别：黄山市文物保护单位。

18. **祁门伟溪塔**

俗称：安丰塔；
地点：祁门县胥岭乡塔下村；
功能：佛塔；
年代：宋元佑八年（1093 年）建；
高度：23 米；
形制：六角五层砖塔；
级别：安徽省文物保护单位。

19. 凫峰东皋塔

俗称：文峰塔、赤桥塔；
地点：祁门县凫峰乡赤桥村；
功能：水口 - 风水类；
年代：明嘉靖年间始建 5 层、万历年间增至 7 层；
人物：方楷倡建；
高度：42 米；
形制：六角七层楼阁式砖塔；
级别：黄山市文物保护单位。

20. **祁山文峰塔**

地点：祁门县祁山镇凤凰山顶；
功能：水口 - 风水类；
年代：明万历三十二年（1604 年）建；
人物：李希泌倡建；
高度：33.5 米；
形制：六角五层砖塔；
级别：祁门县文物保护单位。

后记

关于古塔的修缮工程报告，在安徽省还是空白。巽峰塔的修缮，是一项常规的文物修缮工程。修缮之初虽有出版工程报告的心理准备，但是巽峰塔浓缩了建筑技艺、雕刻艺术、历史人文、社会经济、宗教文化等诸多元素，见证了徽州兴衰沉浮的沧桑历史，反映了徽州的发展状况，早已成为徽州的地标性建筑，而我们对这座明代古塔的理解还不够透彻，担心对巽峰塔所包含的历史、建筑、艺术、科学等诸多信息不能做到有效提取，仍停留在资料收集阶段。然而，随着修缮工程的深入，巽峰塔的内部结构、登塔方式、天宫文物的发掘等一系列发现和建塔初衷、建塔时间、建塔人物等重要信息逐渐破解，也更坚定了我们编撰工程报告的信心。

编撰的过程中，为做到有据可考，编写人员在炎炎夏日里跑遍了徽州现存的每处古塔，深入考察徽州古塔的形制、样式、类型、做法等细节，力求精准记录和恢复塔的真实性和原真性；为做到让历史资料翔实、准确，查阅了族谱、县志及不同时期的徽州府志等大量古籍，从中寻找关于此塔的蛛丝马迹，目的是留存尽可能完整的技术资料，为文物建筑积累一份历史档案，也为其他类似的文物保护工作提供参考。

在工程报告编写过程中，我们得到安徽省文物局方咸达、张辉等古建筑专家的鼎力支持，也得到古建筑界其他专家学者的指导帮助。为使这部安徽省第一部关于古塔修缮的工程报告早日面世，他们多次参加座谈会、审稿会，为报告的编写倾囊相授。安徽徽州文物工程勘察设计有限公司、安徽省徽州古典园林建设有限公司等参编单位安排专门人员分工负责，积极投入到资料搜集、文字撰写、图纸绘制、图片拍摄等工作中，安徽中国徽州文化博物馆为我们搜集历史资料提供了便利和帮助，在此表示诚挚的感谢。另外在本书的出版过程中，科学出版社的雷英老师不辞辛苦做了大量的审读工作，为此，我们深表谢意。

经过大家的共同努力，这部工程报告终将与读者见面，但受作者水平、时间及资料所限，错误和疏漏在所难免，恳切希望广大读者和专家多提宝贵意见和建议。

编　者

2021 年 7 月